「未来の公園」をつくる男

PARK DEVELOPMENT

パークベンチャーカンパニーが、日本経済を立て直す！

株式会社ワールドパーク CEO
石山高広
Takahiro Ishiyama

はじめに――ドラえもんがいる22世紀のような世界を目指して！

◆地方の衰退を食い止める「公園再生事業」とは？

２０１４年に発足した第２次安倍改造内閣が、「地方創生」をスローガンに掲げました。「地方創生」は、国全体の急務です。

人、モノ、カネ、情報、サービス、機能、娯楽等の「東京一極集中」により、その他の地域は、衰退の一途をたどっています。

地方の産業が衰えると、雇用がなくなり、若い人がどんどん都心に流出します。その結果、少子高齢化が加速し、町や村は過疎地域となります。

商店やスーパー、ガソリンスタンド、学校、郵便局、公共交通などがなくなり、住民の生活水準の維持はよりいっそう困難になっていきます。

空き家や耕作放棄地が増えるだけでなく、建物の老朽化、獣害や病虫害といった問題が発生し、住民の安全な暮らしを脅かすのです。

この本は、**民間企業が主導で行う「公園の再開発」により、地方創生を実現していく可能性を示す本**です。老若男女が集う「公園」の中に地域経済が発展するシステムを組み込み、そこを拠点に、市町村全体を復興させていくのです。

このプロジェクトを**「パーク・デベロップメント」**と言います。

これまで、地方創生事業を主導していたのは自治体や第三セクターでした。しかし、「経営思考の欠如」のせいで失敗することがほとんどでした。

民間主導の「パーク・デベロップメント」は、ディズニーランドのように**「人々がすすんでお金を使いたくなる公園」**を「プロの集団」でプロデュースする事業です。

本書は、次のような方に読んでいただきたいと考えています。

- **地方創生に関心のある方**
- **ふるさとのために、何かをしたい方**
- **地方創生ビジネス関係者**
- **公園に出店したい飲食店、その他の事業主**

・ＰＦＩ事業関係者（※22ページ参照）
・アウトドア系ビジネス関係者
・公園でイベント開催を企画する企業

私の経営する会社では、これらの方々と一緒に、千葉県にある「稲毛海浜公園」のリニューアル事業を行いました（イメージ写真）。

人気のなかった砂浜は、

・ホワイトビーチ（白い砂浜）
・サンセットが絶景の「海へ延びるウッドデッキ」
・グランピング
・small planet CAMP & GRILL
・大人も楽しめる「リゾートプール（稲毛海浜公園プール）」

などの設置により、「地元の魅力とワクワク体験」

が詰まった場所に生まれ変わりつつあります。

そして「パーク・デベロップメント」は、社会貢献と収益性アップを同時に叶えることが可能な「〝三方良し〟のまちづくりプロジェクト」です。ぜひ、あなたも参加してみてください。

◆うまくいく「地域創生ビジネス」の秘訣

多くの地方自治体が「地域創生」に取り組んでいるのに、目に見える結果を出せている地域は、まだまだ少数です。

たとえば、山梨県南アルプス市が進めていた「地域活性化特区事業」の中核となる民間企業が、開業わずか数カ月で経営破綻の危機に直面しました。

また新聞各紙が「成功事例」として取り上げた「青森駅前再開発ビル」も、オープン時から赤字決算となりました。

地方創生ビジネスは難しい、と思われがちです。しかし、私の携わっている、**民間主導の「パーク・デベロップメント」事業には、「うまくいく秘訣」がたくさんある**のです。

代表的なものを、「3原則」として提示しています。

1．地元企業とWin-Winの関係

都心に本社を置く「大手開発業者」だけが利益を得て、地元の中小企業、商店、飲食店、農家、伝統工芸職人などに還元されないシステムは必ず破綻します。

地域コミュニティが自立し、経済が「域内循環」する「ローカリゼーション」を実現します。

2．地元の魅力を引き出し、発展させる

地域資源と無関係の近代的なランドマークを建てたり、消費ターゲットが地元住民ではない「ハコモノ」を建てたりしてはいけません。

必ず、その土地ならではの文化、芸術、風習、自然、景観、歴史、味、方言、教えなどを素材にした「グランドデザイン」を描きます。

3．公園を軸にした「地域経済循環システム」をつくる

園内には、利便性、防犯、モビリティ、教育体験、文化の伝承・発展、収益性、雇用創出、市場開拓など多くの地元ニーズが叶う「高度なＡＩ機能」を搭載します。

そうすることで、公園を軸にした「地域経済圏」が効率よく発展し、都市部と地方の格差が是正されるのです。

本書では、これらの3原則を、より詳しく解説していきます。

「パーク・デベロップメント」は、ただの「公園リニューアル事業」ではありません。その地域の「公園」を利用して「ドラえもんがいる22世紀のような機能」を持たせ、その周囲に、持続可能な社会を創造していくことを使命としています。

１０００年の歴史を持つまちや日本昔話に出てくるような山間部の農村でも、その土地の良さを維持しながら、人口増加や経済発展が見込める画期的な施策なのです。

２０２３年3月吉日

石山《いしやま》 高広《たかひろ》

◆目次◆

第2章 もし、1400カ所の公園が「パーク・デベロップメント」されたら？

第3章 地方創生産業を変える「パーク・デベロップメント」

第4章 STEP1 パーク・デベロップメント実践編

どうやって行政のプロポーザルを勝ち抜くか

第5章 STEP2 パーク・デベロップメント実践編
事業成功のカギは「人をいかに巻き込むか」

第6章 「公園×IT」を軸にした「地域経済循環システム」とは？

第7章 世界中の公園を「人々が集うテーマパーク」にしたい！

企画協力／潮凪洋介（HEARTLAND Inc）
執筆協力／栗栖直樹

序章

もしも日本中の公園が「リゾートパーク」になったら

公園再生は、前例のない地方創生の成功メソッドになる

みなさんは、公園というものにどんなイメージをお持ちですか？

公園は、おそらく誰もが人生のなかで、一度は足を踏み入れたことのある場所でしょう。公園といっても種類は千差万別で、子どもの遊び場になるような近所の小さな公園から、まちや地域のシンボルとなるような緑いっぱいの公園、さらには誰もが知っているネームバリューのある大規模公園など、さまざまなものがあります。

東京・港区で育った私が、本当の公園というものに出会ったのは今から5年前、アメリカ・ニューヨークのブルックリン・ブリッジ・パーク（17ページ写真）でした。

当時、私の妹が病気になり、アメリカで治療を受けさせるために一緒にニューヨークに渡ったときのことです。妹をパークに連れていきながら、二人で「こんな公園が日本にもあったらいいね……」と話したことを、今も鮮明に覚えています。

そこでは、各々がテイクアウトしたコーヒーを手に散歩をし、カップルや家族連れが芝

生でのんびりと憩いのときを楽しんでいました。夕暮れには対岸に見えるマンハッタンの自由の女神のシルエットが夕日に浮かび上がり、夜はニューヨークの摩天楼を楽しむ。たくさんの人たちの笑顔があふれ、日々の暮らしを前向きにしてくれる活力がそこにあるように感じたものです。

じつは30年前に初めて当地を訪れたときは、まだ倉庫街で、治安の悪さはニューヨークでも有数でした。それが２００２年に公園建設計画を推進するための会社が設立されることになり、さびれた倉庫街は魅力いっぱいのウォーターフロントに生まれ変わっていったのです。

以来、ブルックリン・ブリッジ・パークに

は地元の人々だけでなく、観光客も多数訪れ、イベントやショップも含めて年間数百万人の訪問者数があると言われています。今や地域活性化の起点となって多くの人が集う、なくてはならない存在になっているのです。

日本にも、こんな公園があったらいい。公園は地域の人たちを元気にし、地域経済を潤す起点になると感じたことが、現在の事業を始める原点になりました。

今日本全国には、たとえばブルックリン・ブリッジ・パークに準じるような広大で、主に自治体や第三セクターが管理・運営している総合公園が約1400カ所あります。単純に全国47都道府県で割り算をすると、1都道府県に29カ所もの公園があることになるわけです。これらの公園は、日本ではまだまだ「手つかず」です。

一方で海外の多くの公園は、遠方からも人が集まり、豊かな人間関係を育むコミュニティとして機能し、地域の文化を育む場としても位置付けられています。

そして毎週のように何かのイベントが催され、同様にショップやさまざまなサービスが園内で展開されています。つまり公園自体が収益を上げ、維持管理にかかるコストを独立採算で賄っているところが多くあるのです。

私は、今ある日本全国の１４００の総合公園は、「宝の持ちぐされ」だと思っています。せっかくこうしたポテンシャル持つはずの公園が数多くあるのに、魅力や可能性を最大化できていない現状があります。

日本の都市計画において、公園の設置は必ず盛り込まれるものです。ところが実態として、地域の人が本当の意味で集まりたくなる公園、地域ならではの文化を育み、体感できていく公園は少ない、いや、ほとんどないと言ってもいいのです。

きっとみなさんが暮らす地元のまちにも、大きくて立派な公園施設はあるでしょう。けれども、それは特別な価値を持った場所とは言えず、私に言わせれば単なる広い空き地。大きなポテンシャルや可能性を眠らせたままの、宝の持ちぐされと言えるのです。

今こそ地域活性化のエンジンとして、私は公園再生、つまり「パーク・デベロップメント」の必要性を感じています。

そこには老若男女が集い、開発・維持には大手企業から地元の企業、商店、農家、銀行、行政、市民まで多くの人が携わります。

「パーク・デベロップメント事業」は、そのまちに暮らす人たちに「地域で育まれた文化」

を知らしめ、地域を活性化したい企業や行政、団体に新たな産業を創出する、「地方創生の本丸」になるものです。

幅広い人の参画で実現する「公園再生＝パーク・デベロップメント」は、前例のない地方創生の成功メソッドになる――そのことを、ぜひ多くの方に知ってほしいと思います。

日本中の公園を「個性豊かな公園」に変えたい！

皆さんの記憶の中や身近にある、地元のシンボルともいえる公園……。きっと一度は行ったことがあるかもしれませんが、その後はどうでしょうか？

「あそこに行くとふるさとを感じるな」「いろんなワクワクすることがあるからまた行きたいな」――公園自体に楽しさを感じ、心が動く場所になっているでしょうか？　次の世代へと引き継いでいきたい文化が、そこにはあるでしょうか？

日本発、「１００年続く公園文化を創造する」。これが、われわれ株式会社ワールドパークが掲げるビジョンです。

１００年先も、時間と場所を超えて人が集まる場所を創造することを目指し、土地と地域・人がつながる、世界に誇れる日本独自の公園文化と、そのビジネスモデルをつくっていきたいと考えています。

ここで、私自身のことを少しお話ししたいと思います。私は２０１６年に独立し、株式会社ワールドパークを立ち上げ、２０１７年から現在の「SUNSET BEACH PARK INAGE（稲毛海浜公園内）」プロジェクトに携わっています。

今考えても、私にとってこのプロジェクトは、まるで運命のような出逢いだったような気がしています。

それまで私は、イベント企画運営や飲食店プロデュース、エンターテインメント事業プロデュースを多数経験した後、実家が不動産業を営んでいたこともあり、宅建士の資格取得を目指し勉強に励んでいました。

先述したニューヨークのブルックリン・ブリッジ・パークから受けた刺激もあり、海外のいくつかの公園を見て回っていた時期でもありましたが、宅建士の受験を通じて都市公園法に触れ、日本の公園の実態を知りました。

都市公園法とは、都市公園の設置および管理に関する基準等を定めたものです。そこで日本の公園に関するさまざまな規定や成り立ち、行政における公園の定義を知り、同時に公園に対する、行政・自治体の権限についても学んだのです。

つまり公園とは、市民や地域住民の公共の場所でありながら、その管理・運営には行政サイドに条例などの規制があること。容易に民間の手でどうにかできるものではないことも多いという現実も目の当たりにしました。

そうしたときのことです。2017年6月に都市公園法が改正され、その中で「Park－PFI（公募設置管理制度）」が創設されました。これは、「PFI（Private Finance Initiative）」に関する規制緩和を示します。

PFIとは1990年代前半にイギリスで生まれた手法で、「官民が協同して、効率的かつ効果的に質の高い公共サービス提供を実現するという概念に基づく手法」の一つで、公共施設や設備の設計、維持・運営などに、民間の資金やノウハウを活用することです。

それまでも、公園管理者以外の民間事業者などが都市公園に設置または管理ができる「設置管理許可制度」はありました。公園内に売店やレストランなどが設置されていたのもこの制度が活用されてのものです。

都市公園改正法によるＰａｒｋ‐ＰＦＩでは、公募により選ばれた民間事業者が飲食店や売店等の公園利用社の利便性の向上に資する施設の設置と、施設運営から生じる利益を活用して、その周辺の遠路、広場等の一般の公園に商社が利用できる特定公園施設の整備・改修等を一体的に行うことができる、事業期間の上限も20年までと長期になるなど、民間事業者にとってベネフィットとなるような規制緩和が行われたのです。

公園開発について地方自治体が民間事業者から企画提案を募り、最も優れた事業者の提案が選定されるという、「プロポーザル」の実施も行われることになりました。

そんな追い風が吹く中、２０１７年、稲毛海浜公園（都市公園）内を民間事業者が自己資金で公園施設の新規整備または改修を行い、周辺を含めた一帯の区域において運営と維持管理を行う事業提案の募集があり、われわれワールドパークがそこに名乗りを挙げたというわけです。

ブルックリン・ブリッジ・パークのような自立型の公園を日本にもつくりたい。そのためには、公園自体の独自採算を実現し、地域の文化と産業を育む〝経済圏〟にする必要がある――。

けれども、日本の行政の岩盤規制があるなら、そのハードルは相当に高いのではないか……そう懸念していた矢先の、都市公園法の改正であり、Ｐａｒｋ‐ＰＦＩの創設、時を同じくして発表された、われわれのビジネスの拠点である千葉・幕張の隣、美浜区にある稲毛海浜公園の再開発事業でのプロポーザル実施は、まさにあらゆる時代の流れや要素が合わさり、弊社の公園再生事業がスタートしたのです。

約40年以上前に開園した稲毛海浜公園内の施設などを「SUNSET BEACH PARK INAGE」へとリブランディングする事業は、行政と一緒にどうすればうまくやっていけるのか？地域の人や海外から人が来るような魅力的な公園にしていくために何が必要なのか？というような疑問を一つずつ解消するところからスタートしました。

開園から約半世紀もの時間が経っているのに、中身は何も変わらない。そんな公園はいま、日本全国のあちこちにあります。

１００年先も続く文化創造を目指し、日本発の、世界に誇る公園文化をつくる。その道のりを、いま千葉・稲毛の地で取り組んでいます。

第1章

日本の「地方創生破綻」を公園再生が救う

なぜ日本は「脱・東京一極集中」できないのか

総務省が住民基本台帳に基づいてまとめた東京都23区の人口の動きは、2021年の1年間で転出者数が転入者数を1万4828人上回り、初めて「転出超過」となりました。1997年以降一貫して続いていた地方から東京都への人口流入が止まったことで話題になったものの、これもコロナ禍という条件付き。つまり、東京での新型コロナ感染者数の拡大を受けて都心を離れる人が増えたり、外国人の転出が増加したというのが実情のようです。

ただ、従来に比べて「東京一極集中」の度合いが薄まりつつあるのもまた事実です。企業のテレワークの浸透などで働き方や生活スタイルは大きく様変わりし、生活コストが高い東京への転居はコロナ前に比べて動きが鈍るのは確かだと思われます。

「地方には魅力的な産業がない」などと言わせずに、今こそ新たな産業と雇用機会の創造によって、地方志向のある人の「受け皿」をつくることが必要なのです。

私たちの会社に入社してくる若い幹部候補たちも、「地方創生を自分の手でやってみたい」と言います。

稲毛海浜公園内の再開発事業をスタートさせてから、多くの有望なスタッフが入社しましたが、その多くは同公園のすぐ近くにある県立高校出身の若者たちです。

もともと、東京でレストランの店長やシェフをやっていたような若者が、「自分たちの手で地元を元気にしたい！」という想いで稲毛に戻り、仲間に加わっています。若い人たちの地域や地元を想う気持ちに火をつける。その舞台になるのが公園再生であり、その想いが地方創生を牽引していくのです。

これまでは、そうした場が地方にはなかなかありませんでした。たとえば商店街などを見ても、自分たちで何とかしたい……と思っている若者たちはたくさんいると思います。けれども、どこから手をつけていいのかわからず、結局誰も手を差し伸べられないまま、シャッター街になっている現状があります。

しかしながら、公園再生という取り組みはイチからつくるものであり、まだまだこの分野を単独で担う会社もいないため真っさらな状態で手をつけやすい。スタートアップとして、事業を進める上で組織の一体感もつくりやすいと思います。

そうした若い皆さんと一緒にビジネスを進めていると、「脱・東京一極集中」はそんなに難しいことではないのではないか？　と感じます。

その理由は、みんなの地元であるこの稲毛に、公園再生という新たな希望が生まれたから。つまり「脱・東京一極集中」を進めるには、まずは**地方に地域に根差した産業をつくることが不可欠です。そして人が集まる、人が滞在する場所にしていく**。それを実現するキーワードはローカライズであり、公園再生事業であると私は声を大にして言いたいのです。

公園は地代が安く、ビジネスで考えたら10〜15％の地代なので、公園をベースにビジネスを行えば利益率はかなりいい。そして、ブルーオーシャンだから参入もしやすい。そんなビジネスモデルにしていきたいのです。

たとえば、一般的に商業施設では、店舗の売上から20〜25％をロイヤリティとして支払います。それと比較すれば土地代負担の少ない公園再生事業はその分利益が見込めます。

また、行政サイドは民間事業者が投資をかけてもらえるように前向きに議論する必要があると思います。なぜなら、儲からない場所には誰も投資はしないからです。

今年の私たちのスローガンは、**「公園事業創造元年」**です。地域価値を最大化し、若者の力で地方のまちを元気にする、公園再生を通じて産業を創造する元年と位置づけ、「脱・東京一極集中」の先頭に立っていきたいと思っています。

これまでの地方創生は「補助金依存体質」!?

2014年に制定された「まち・ひと・しごと創生法」いわゆる地方創生法によって、新たに莫大な予算が地方に配分されました。にもかかわらず、明確な成果が挙がったとは言いがたい状況が続きました。

理由は明快です。**地方創生に必要なのは、お金そのものではなく、お金を持続的に生み出すための仕組みであり、それを創るための具体的な事業**だからです。

東京よりも地方が苦しい、ならばお金を再分配すればいい。そうした短絡的な思考で地方を元気にできるわけはありません。

逆に分配されたほうは、もらえるものはもらってしまえ！　とばかりに予算を受け取るものの、どうすれば自分たちの地域を活性化できるのか有効な方策を打ち出せず、何も変えられない……。そのうえ、次の予算を期待するようになる……そんな状況が続いてしまうのです。

政府からの補助金に依存してしまうと、地域に産業を創り出すためのエンジンなど、生まれようもなく、衰退への下り坂が目の前に見えていると言っても過言ではありません。

地方創生に必要なのは、**民間が地方公共団体と協働しながら、独自の努力で市場と向き合い、継続的な利益を生み出すための事業**です。その構えがあれば、補助金は企業のエンジンを動かす燃料となり、地域に持続的な価値を提供していくことができます。

イギリスの格言に「今日卵を一つ持つより、明日めんどりを一羽持つほうがよい」があるように、今日卵を食べて終わるより、面倒でもめんどりを育てれば、毎日のように卵を産んでくれるようになるのです。

つまり、国や自治体がすべきは予算配分ではありません。民間が新たなプロダクトを生み出せるよう、必要な規制緩和も含めて事業を支援していくことだと私は思います。

公園は多くの場合で、運営の主体は第三セクターが担ってきました。それは補助金依存体質の象徴ともいうべき存在が、公園事業だったのです。それではイノベーションは生まれませんし、実際にこれまでの公園のあり方は長らく変わっていませんでした。

イノベーションを生むためには、新しい価値観を創造していなくてはなりません。地域に根付くコンセプトをベースに、自分たちのまちをこうしていく、公園をこう変えていく、という想いを明確にする。そうすることで、旧来の依存体質から脱却してくことができます。

私自身も、社員に重要なことは「考えることだ」と言っています。会社や組織がよくなるために何が必要なのか、自分たちで新しいものを創り上げていくために、知恵を絞りなさい。それと同じ思考で、地域の価値を最大化する、利益を生み出し、さらにその利益を子どもたちや地域を支えていくビジネスに転換していくのです。

それが補助金頼りだと、新たにお金を稼ぐ必要がないのですから、性質が異なります。そうではなく、**自らの事業でお金を稼ぎ、まちを創ることが地方創生の本質である**ことをぜひ理解してください。

そのためにも、地方産業の一丁目一番地が公園再生事業になってくれればいい。それによって、地方創生は確実に進んでいくと確信しています。

地元カラーを出さず、無理矢理「都市化」で失敗

地方創生が進まない。東京を中心とした都市部への人口集中を防ぎ、地方に産業と雇用を生み出し、地域を活性化していくものです。ところが「言うは易く行うは難し」で、おいそれとはうまくいかないことのほうが多いと言えます。

理由はさまざまですが、いちばんは、**せっかく地域にある独自の資源を上手に活かせていないこと**。または**上手に見つけていない**ことが、失敗の主な原因であるように思うのです。

なかでも多く見られるのは、安易な「都市化」によるものです。たとえば、地元の文化と何もリンクしない単なる商業施設の誘致は、長い目で見れば成功に至らないケースが多々あります。

近年の人口減少にともなって、全国で「コンパクトシティ化」の推進が叫ばれ、実際に多くの自治体が政策として取り入れてきました。

コンパクトシティとは、郊外に居住地域が広がるのを抑え、できるだけ生活圏を小さくしたまちづくりを行うこと。この考え方自体は否定するものではなく、さまざまな施設が

エリアに集中することで、経済活性化につながっている例は少なくないようです。

一方で、当初の目論見が外れ、結果的に安易な都市化……と言われても仕方のないような結果となっている事例があるのも、また確かなのです。


たとえば、コンパクトシティ化を推進した青森市が２００１年、青森駅前に第三セクターが運営する商業ビルを開業しました。都市活性化の切り札としてオープンした商業施設「アウガ」は、レストランやアパレルなどの商業テナントを擁し、高層階部分には図書館などの公共施設が入った地元期待の商業ビルでした。

ところが、開業初年度の売上は目標額を大きく下回り、その後も集客状況は改善されず、やがて年間約24億円の赤字を出して債務超過に陥り事実上の経営破綻状態に。そして、市は同ビルの立て直しを断念し、２０１８年からは市の庁舎として再出発しているそうです。

結局、商業施設や飲食ビルのような箱モノをつくってしまって、人が集まる場所の集客に頼りきりのビジネスになってしまいました。

こうした運命をたどる商業施設は、地方のまちでは実際に数多くあるのです。もともと過疎化が進んでいる中で人が集まらない場所にどう人を呼び込むのか、それは単なる商業施設や飲食ビルをつくることではないと考えます。

なぜうまくいかないのか。まちそれぞれに固有の事情がありますが、**「地域に根差した文化から立脚した公園づくり」**を行っていないからではないでしょうか。

単なる商業施設では、確かに生活に便利ではあるけれども、それ以上でもそれ以下でもありません。そこに、地元の人が特別の想い入れを持つには至らないのです。

そのまちで暮らす人たちの共感や琴線に触れるようなコンセプトを持たなければ、単なるハコモノで終わる可能性が高いと言わざるを得ません。

私のところには、大手鉄道会社から、一緒に駅前の公園をつくってくれないか、という相談もいただいています。

駅前というのは、地元カラーを出すのにふさわしい玄関口で、みんなの想いが集約していきやすい、文化の生まれやすい場所なのです。そこで、単なる商業施設をつくるという発想にとどまっては、やはり寂しいでしょう。

スマホはもとより、SNSの登場によって、人の価値観は大きく変わりました。大量生産、大量消費という時代は終わり、オンリーワンの共感値である、個別のものを大事にする文化が求められる世の中です。

どこにでもある、個性のない商業ビルはそれほど人々の心に残りません。とくに今の若者は、自分たちが「価値の高い、魅力的な場所」にいられることをステータスに、ＳＮＳに「その場所にいる自分」をアップします。つまり、個性の中にいる自分の価値を大事にする文化であり、場所にはこだわりやコンセプト、ストーリーやドラマが求められるわけです。

たとえば、香川県の直島《なおしま》が近年人気で、話題になっています。直島は瀬戸内海に浮かぶ周囲16キロメートル、面積約８平方キロメートルの島で、３年に１度開催される「瀬戸内国際芸術祭」の開催地の一つで、現代アートの聖地として注目を集めています。

アートという、それまでその土地にまったくなかった価値を生み出し、人が集まる場所になりました。企業とのタイアップによって、独自の文化をまちづくりに活かし、アートを新しい魅力として地域に根付かせました。上手に地方創生を実現させたモデルの一つと言えるものです。

直島がそうだったように、**最初のコンセプトメイキングが大事で、公園再生も同様**です。何をメインコンセプトにおいてイノベーションを起こしていくのか。そうすれば注目度も高まり、新しい産業や経済圏が生まれやすくなります。

かく言う私たちの稲毛海浜公園内の広大な区域も、40年前に公園ができた当時は、近隣の建売の住宅が飛ぶように売れたそうです。近くにこんなに広い海浜公園があるのだから、住みたいと思う人がいるのは当然でしょう。

ところがそれから約40年の間に施設などの老朽化が進み、公園に新たな手が加えられずに、魅力や価値はおそらく半減したのでしょう。地元から出て行った若者たちの多くは、まちに帰ってこないそうです。

私たちが今回の「SUNSET BEACH PARK INAGE」プロジェクトを手掛ける上で、地元の人たちの共感を呼ぶコンセプトとして位置付けたのが、**「稲毛のサンセット（夕日）」であり、それを見るという文化**でした。

40年前のこの公園ができた当時から、稲毛のサンセットをもっと前面に押し出すなかで、人が集まる場所として公園の開発を継続して手掛けていれば、地元を愛し定着する人たちがもっと増えていたかもしれません。

今、実際に稲毛海浜公園内の開発を始めていくなかで、これまで公園に来なかったような学生が白い砂浜や桟橋を訪れ、稲毛の美しい夕日をスマホのカメラにおさめてくれています。そんな光景を見て、新しい風が確かに吹きつつあることを強く実感しているところです。

「公園再生事業」こそ、地方が生き残る唯一の道

地元のカラーや地域固有の魅力を前面に打ち出すコンセプトづくりが、地方創生の第一歩につながります。補助金に頼ることなく、地方が自立して経済を回していくには、そうしたコンセプトを活かした新たな産業を生み出していくことが必要と言えます。

私は自らの地域資源を活用し、若者たちが「地元に残って働きたい」と思えるような仕事は、地方でも必ずつくれると思っています。

逆に言えば、若い人たちがそう感じる仕事やビジネス、産業をつくることができなければ、地方の衰退はけっして止められないのです。

なぜ、若者が東京などの都市部に流れていくのか。ひと言で言えば、地方のビジネスに魅力がないからです。この先10年、20年と地元で仕事をするよりも、都市部に出ていくほ

うが未来を描けるからです。

若者たちが自ら進んで地元に残れるようなビジネスを創り出す。たとえば、〝カッコ良さ〟というのも若者とってはキーワードの一つでしょうか。そんな仕事が増えていけば、人は残り、人は集まってきます。人が来ればにぎわいが生まれ、仕事が生まれ、その循環が地域を活性化していくわけです。


その出発点となる、地域固有の魅力づくり。これはまず、**地元の人たちが自分たちのまちに対して、どのような「ランドスケープ」をつくっていくかがカギ**となります。

ランドスケープとは、そのまちの景色や景観、風景を意味しますが、つまりは〝地元の良さ〟に直結するデザインをどう探し、どのように立脚していくか。そこに、どのようにイノベーションをかけていくかが重要になります。

その意味で、私たちは「いなげの浜から見えるサンセット」をランドスケープとして位置付け、季節を通じて楽しむことができる桟橋（海に延びるウッドデッキ）をつくりました（写真）。

最初は、それこそ地元の議会から大きな批判を受けました。

SUNSET BEACH PARK INAGEの海に延びるウッドデッキ

「こんなものをつくって、本当に人が来るのか？」「単なる無駄遣いじゃないか」――そんな声が頻繁に聞こえてきたものです。

私は、「『サンセットを見る文化』をランドスケープにする公園って、日本中探してもどこにもないですよ」と説明し、理解を求めていきました。

そして、サンセットを眺め、お酒を愉しみながらゆったりと過ごしてもらえるようにウッドデッキの突端にカフェ・バーを仕立てました（The Sunset Pier & Cafe）。

アメリカ・カリフォルニアの西海岸でも、ウッドデッキのあるビーチが地域に根付いています。同じように人が集まり、サンセットを眺めるひとときを楽しんでもらえる場をつ

SUNSET BEACH CLUB DJ PARTY 2022

くりたいと考えたわけです。

２０２２年7月31日、２週間前に天候不順で延期になっていたオープニングパーティーを桟橋で行いました。神谷俊一・千葉市長も駆けつけてくださったほか、想定を超える数百人の方に、いなげの浜の美しいサンセットを堪能してもらいました。

夕方5時から夜の8時まで、絶大な数のフォロワーを持つ人気ＤＪの軽快な音楽に乗って、サンセットを見ながらお酒を愉しむ。若者はもちろん、ピアのまわりの白砂の海辺には家族連れ、カップルなど多くの人でにぎわい、それまでのビーチの雰囲気とは一変した風景が広がっていました（写真）。

地元に息づく「サンセットを見る文化」にイノベーションをかけ、新たなにぎわいを生み出すビジネスを創る。じつはこのオープニングパーティーで、スタッフとして現場を動かしていた主役が、地元の若者一人ひとりだったのです。

サンセットビーチというおしゃれな空間で、自分たちの力で、来ている人たちに楽しさや華やかさ、喜びを提供する。最高にカッコいい場をつくっている若者たちの姿がありました。

今、SUNSET BEACH PARK INAGEには、平日にも多くの人が訪れてくださっています。もちろん地元の方が多くを占めますが、県外からの来園者も着実に増えています。埼玉や茨城、東京をまたいで神奈川から来られる人など、遠方からもたくさんの人に足を運んでいただけるのはうれしいかぎりです。

人が集まることには理由があって、それはモノではないと私は思っています。大事なのは、あくまでも**体験価値**。**自分もそこで体験したい、と思わせる何かがあるかどうか**です。そして体験価値には、そこにしかない地元の良さやカラーを絡めていくことが不可欠です。それがストーリーとなって、来た人の共感値をグッと上げることになるからです。

共感が生まれれば、そのことを誰かと共有したいという想いにつながります。SUNSET

BEACH PARK INAGEの海へ延びるウッドデッキから見たサンセットがInstagramにアップされる数は、今や爆発的に増えています。
地元の議員さんたちの驚き喜ぶ顔を見て、私たちも新たなやりがいを感じているところです。

物心両面のセーフティ・ネットになり得る最適な場所

パーク・デベロップメント事業とは、そこに〝経済圏〟をつくることだとこれまで説明してきました。経済圏とは、収益性をもたせること。産業を創り、雇用を生み出し、お金が回る循環を生み出す。いわば「稼ぐ」プラットフォームを創ることが、われわれの言う〝経済圏〟を意味するものになります。

では、公園という経済主体で稼いだお金は、どこに回していくべきでしょうか。もちろん、公園の経済循環をより上げていくための再投資に使うのはもちろんですが、一方で大切なのは、**社会課題の解決へと振り向けていくこと**だと私は思うのです。

たとえば具体的には、「社会のセーフティ・ネットづくり」もその一つです。

２０２２年8月に国の機関が発表した都道府県別の最低賃金は、都市部と地方の格差がなお埋まらないことを浮き彫りにしました。東京・神奈川がすでに１０００円を超えているのに加え、このほど大阪府が初めて１０００円を超える見通しになりました。

一方、地方では依然として低い賃金の県は多く、最高額の東京都と最低額となった高知・沖縄県等10県の差額はじつに２１９円。容易に格差が埋まらない現実を示す結果になっています。

昨今のコロナ禍で地方移住への関心は高まっているものの、こうした格差が未だに是正されないのも事実です。政府には、重要なセーフティ・ネットである賃金面において、地域の魅力を高める政策が求められるのは言うまでもありません。同様に、地方の民間企業も自らの努力で格差を是正していく積極的なアクションが必要と言えるのです。

また、地方の中でも当然格差は存在します。賃金の格差とは、貧富の差。たとえば、一人親を取り巻く環境の厳しさは、コロナ禍を経ていっそう増すことになっています。

公園再生のプロジェクトは、同時に地域の再生事業だと私は考えています。だからこそ、公園事業による収益を、たとえば一人親支援にも積極的に振り向けていきたいのです。

具体的には、パーク内に子ども食堂をつくり、一人親の皆さんに働き手として来ていただきます。そうした働き場所を公園施設の中にしっかりと確保しつつ、同時に託児所を設けます。

先ほど「子育て・教育環境」としてのメリットを紹介しましたが、お子さんを遊ばせておく上で、こんなに良い場所はないでしょう。親御さんたちには、そんな安心感のある環境のなかで仕事に専念してもらえればと思います。

こうした社会課題を解決していくことが公園のあるべき姿の一つであり、地域をより良くしていくためには、誰かがその役割を担わなければなりません。

言ってみれば、これはそもそも行政や議会の仕事です。しかし、民間企業も進んでその役割を担っていけばいい。そして公園開発をそこに結びつけていきたいのです。

また、コロナ禍で家に閉じこもりがちになってしまった人の中にあって、心配なのは一人暮らしのお年寄りです。誰とも接点がなくなり、孤独感にさいなまれ、健康寿命を損なうおじいちゃんやおばあちゃんが本当に増えています。

こうした現状を救うのは、「心のセーフティ・ネット」と言えるもの。今社会のあちこちにある孤独を、人が集まる場所をつくることで解決していきたいという想いがあります。人がいて、自然がある。そこにみんなで集まれば、孤独な想いなんてきっとなくなるのではないか、その場所が、言うまでもなく公園なのです。

お年寄りにかぎらず、ひきこもりがちになっている若者や、慣れないテレワークで家にいると息がつまってしまう人も同様です。

「さあ、外に出ようよ」「一緒に気分転換しよう」という呼びかけを、公園を通じてしていきたい。リアルなウェルネスを感じながら、人との接点が持てる場所。楽しみや日々の潤いを公園から感じてもらえれば、こんなにうれしいことはありません。

現在のSUNSET BEACH PARK INAGEには、今まであまり見なかった、地元の中学生たちが足を運んでくれるようになったと書きました。

インターネットの世界から飛び出して、海の風や香りを体感できる、リアルな感動を得てほしい。自然と一体になって心にゆとりや潤いが生まれるのが、公園のあるべき姿です。

若い人が集う場所はインターネットやＳＮＳだけではなく、公園。そんな皆さんにとって憩いの場所になることを願いながら、私たちはこのプロジェクトを手掛けています。

今こそ地方のベンチャーよ立ち上がれ！

地方産業というのは、もともとその地場に根付いてきた産業ですが、どうしても時代とともに衰退し、斜陽産業になってしまうものも少なくありません。

たとえば、古くは群馬に生まれた富岡製糸工場も立派な地方産業でしたが、産業革命とともに廃れていきました。時代とともに淘汰されていく地方産業が少なくない中で、今私たちが進めている公園再生は、手つかずであった「官」のリソースに、民間の手でまったく新しい価値を生み出そうとする、いわば産業革命にも等しい事業では？　とも思います。だから私は、今こそ**「地方のベンチャーよ、立ち上がろう！」**と声を大にして言いたいのです。

公園再生産業を担うのは、アグレッシブな感性を持った地方のベンチャーたちです。地域に産業を創り、雇用を生み出し、人を育てる。地元のシンボルをコンセプトに公園にイノベーションをかけ、やがては地域を変えていくビジネスには、人生をかけて取り組む価値があると私は信じています。

ただ、こうした事業やサービスは、もともとは行政が主管の仕事だったわけです。それが都市公園法の改正やＰａｒｋ‐ＰＦＩの創設によって、状況が大きく変わりました。

つまり、民間企業の力がより一層必要になってきたのです。だからこそ、行政はそこに参画する企業を積極的に支援していただきたいですし、地元の金融機関や企業も同様です。参画する企業の活動を支援すればするほど、自由な発想の上にイノベーションが起きていきます。だから行政や金融機関は、もっと地元ベンチャーと一緒に解決策を探りながら事業を前に進む後押しをしていただきたい。

幸いにしてSUNSET BEACH PARK INAGEのプロジェクトは、千葉県の熊谷俊人知事や千葉市の神谷俊一市長が、私たちのスピリットを応援してくださり、前例主義や固定観念にとらわれることなく後押ししていただくことができました。さまざまな規制緩和に理解を示してくださり、確かな成功事例へと進むことができています。

今こそ、日本全国にある約１４００の公園について、地方のベンチャー企業をはじめ、意欲ある若者が自らスタートアップとなって公園産業に入り、切磋琢磨しながら地元を盛り上げていってほしいと願っています。

自分のまちを変えていくのが、公園再生を軸とした「地域創生ビジネス」です。公園が変わり、産業が生まれ、企業が成長していく。そして地域が活性化していく姿の実現は、日本の産業発展の新しいモデルにもつながっていくものだと信じています。

社会貢献と収益性アップを同時に叶えることが可能なまちづくりのプロジェクト「パーク・デベロップメント」に、ぜひあなたも参画してみてください。

第2章

もし、1400カ所の公園が「パーク・デベロップメント」されたら?

近所の公園は一番身近な「テーマパーク」だった！

第1章で、今全国には総合公園が約1400カ所あると書きました。これらの公園を「テーマパーク化」していくのがわれわれの公園再生プロジェクトであり、産業を生み出す「パーク・デベロップメント」です。

たとえば、公園ににぎわいをつくりたいと考えて、全国で人気の飲食店の店舗を園内に入れたとしましょう。確かに、地元の公園にスタバができればうれしいでしょうし、訪れる人は増えて、公園の価値も上がるかもしれません。

ただ、それでは私たちの言う「パーク・デベロップメント」には決してつながらないのです。なぜなら、経済が循環するモデルにはならないから。全国的なブランド力が高くても、その地域固有の文化とはあまり関係がなく、公園の集客力にはつながりますが、独自の産業や経済循環を生み出す源泉にはなり得ないのです。

必要なのは、その公園が本来備えるべきランドスケープを明確にして、公園自体の魅力付け、つまりはブランディングを丁寧にはかっていくことです。
その根幹の部分をつくり込まずに、安易なコンテンツだけを入れてテーマパーク化をはかろうとしても、長続きしないのです。

きっとみなさんのまちにも、比較的大きな、地域の誰もが知るような立派な公園はあるでしょう。ふだんあまり意識したことはないかもしれませんが、きっとどの公園にも、固有のランドスケープにつながるようなテーマやシンボルになり得るものがあるはず。または、掘り起こすことができるはずです。

まずは、**地域の多くの人たちが共感する「テーマ」を設定することから、公園再生が始まります**。

たとえば、身近にある大きな公園……都内の世田谷区にある「駒沢オリンピック公園」を例にとるとどうでしょうか。

この公園は、１９６４年の東京オリンピックの会場となり、きわめてテーマ性の高い公園です。おそらく都内で暮らすほとんどの人が、一度は名前を聞いたことのある公園で

しょう。

その「文化」をベースに、さまざまな運動施設が併設されるとともに、都内有数のサイクリングやジョギングコースがあり、多くの都民に親しまれています。

駒沢オリンピック公園総合運動場（写真）は公益財団法人東京都スポーツ文化事業団グループが指定管理者となって管理・運営を行い、スポーツに関するイベントやセミナーなども随時開催されています。けれどもわれわれに言わせれば、もっと魅力的な「テーマパーク」にできる余地が十分にあると感じているのです。

外部からのイベントの申し込みがあれば、

それを受け付けるだけ……という発想ではなく、テーマをさらにブラッシュアップさせ、公園自体の価値を高めていく方法はまだまだあります。

つまり、公園固有のコンテンツを強化して収益力をつくり、経済循環を生み出す。補助金などの税金を投入せずとも、自らの収益で維持管理を行い、生まれた利益をさらに公園の価値を上げるための投資に振り分けます。もちろん、利用する人たちの憩いの場であり続けることは重視しながら、一つの〝産業〟として成り立たせていくことが十分に可能なのです。

「駒沢オリンピック公園」を例に出しましたが、この公園は東京都内にあり、それなりに手が入った〝活きた公園〟です。その一方で、地方にはまったく手つかずに放置された大規模公園が、本当に多くあるのです。

そもそも、公園というのは、どうしてその場所にあるのでしょうか？

公園は都市計画のなかに、必ず盛り込まれなければならないものです。戦後の復興を経たあと、１９７０年代の「日本列島改造論」によって、高速道路が整備され、インフラに投資をかけて地方のまちづくりが進められました。その都市計画のなかで、公園は地域を形づくる一要素として、まちの中に整備されたのです。
ただ、つくったのはいいけれど、そのまま取り残されていったのが公園でもあるわけです。あくまでも行政がつくったものですから、所有権も行政にあります。そのため誰も手をつけることがなく、維持費は行政のコストという考えのまま、約60年にわたって放置されてきました。それが、日本の公園の実態です。

たとえばアメリカなどが異なるのは、まちづくりの中心に公園を置いた上で、都市計画を進めていく点でしょう。まずは立地条件の良い場所に公園をつくり、そこから周辺のまちづくりを考えていくという文化が根付いています。
まちづくりの最後に空いた場所を公園にする日本やアジアの思考と、公園を最初に考えたまちづくりをするアメリカやヨーロッパ。何でも欧米がいいというわけではありませんが、にぎわいや人の集う場所となって地域に根付いていくのは、やはり後者の欧米型ではないかと私は思います。

この違いは、どこから生まれたのでしょうか？　やはり、生活の中でのオンとオフの捉え方の違いなのでは？　と思います。

私もアメリカで生活してみて、オフのためにオンがある。つまり「休日の楽しみがあるから、今を頑張って働こう」という思考を人々が当たり前のように持っていることに驚かされました。だから誰もが、週末の家族との時間を得るために仕事をします。休日に家族や友人、仲間と過ごす場所を大切にする。その延長線上に公園文化があるということでしょう。

今日本でも「働き方改革」が進められ、自分や家族の時間を大切にする思考がようやく高まってきました。また、コロナ禍でリモートワークの推進により、職場以外で過ごす時間が増え、仕事とプライベートのバランスを保つ生活スタイルを模索する人が増えるなど、行動変容も進んでいます。

この意識変容の流れの先には、生活空間である地域の中心になり得る公園の再開発というものが必ずやついていきます。マインドチェンジに応え、新たな生活スタイルをより豊かにする場をつくるのが、公園開発なのです。

ブルックリン・ブリッジ・パークが、貧民街を高級住宅街に変えた

私が初めて〝本物〟の公園に出会ったのは、ニューヨークのベイエリアにある、ブルックリン・ブリッジ・パークだとお話ししました。

この公園ができる前、このあたりは港のコンテナ化に伴ってさびれた倉庫街で、非常に治安の悪い街でした。もっと言えば、ニューヨークのブルックリンという街自体、今とは違って非常に貧しい地域でした。

1984年、当時港だったこの土地を所有していたニューヨークの港湾局は、エリア一体を商業開発のために売却すると発表しました。これにより公共資源としてのサイトの価値が再評価され、地元市民らによる公園に対する公的支援を求める運動が行われました。そして現在の管理運営を行う非営利団体の前身が組成され、この草の根運動は地元や市の行政、州政府の支持と財政的なコミットメントを求めたのでした。

さらに、1990年代、同じニューヨークのマンハッタンの地価高騰に伴い、この地に移り住んだクリエイターたちのおかげもあり、「アート発信の地」へと進化したのです。

廃墟化していた工場や倉庫はリノベーションされ、ブルックリンは新しい流行発信スポットになりました。急速な都市開発が進められ、やがて、見事に「高級住宅街」に変貌を遂げたのです。

この都市開発の重要な一翼を担ったのが、ブルックリン・ブリッジ・パークでした。魅力的な公園ができることで、まちに新たなにぎわいが生まれ、人が集まる相乗効果をもたらしたわけです。

公園の維持管理運営会社であるThe Brooklyn Bridge Park Corporationによれば、年間の維持管理費である約1600万ドルのうち、96%超を公園内に建設した住宅棟と駐車場の地代収入、約4%を園内レストランなどの営業権収入とイベント収入でまかなっているそうです（いずれも2016年のデータ）。

実際、同パークには、バーベキューができるピクニックエリアや人工の砂浜、ローラースケートリンクやバスケットコート、噴水公園や図書館、ミニカートやドッグランなど、誰でも1日中楽しめるアクティビティが盛りだくさんです。こうした施設の一部利用料や、多彩な飲食店やイベント誘致によって利益を確保し、一定の資金を得ています。そして、得た資金を公園の再開発に回して良い循環をつくっています。

加えて、パークに対する理解と共感がありますから、一般の企業や市民からの寄付活動も盛んです。もともとアメリカは、キリスト教に根付いた寄付の文化があるのですが、公園の運営に対しても積極的に行われています。

このように、行政と民間が一体となって成長を遂げたブルックリン・ブリッジ・パークの事例はとても興味深く、大いに参考になります。


ブルックリン・ブリッジ・パークの好例のほかにも、世界の公園を眺めてみると、文化の創出や地域発展の拠点として機能している事例がたくさんあります。

同じニューヨーク市マンハッタンの超高層ビルに囲まれた都市型公園「ブライアント・パーク」では、映画祭やミュージカル、コンサートなどが随時開催され、イベントの観客席である芝生エリアは、冬場はスケートリンクに姿を変えます（写真）。

この公園も、1970年代は麻薬の売人や売春婦、ホームレスのたまり場だったと言います。しかし今では、公園周辺企業の資本やイベントの収益によって運営され、多くの市民に愛されるレジャースポットに変貌を遂げているのです。

シドニー・オリンピック・パーク

ブライアント・パーク

またオーストラリアの「シドニー・オリンピック・パーク」では、1823年から続く「ロイヤルイースターショー祭り」を毎年開催しています（写真）。

パレードや遊園地、動物との触れ合い、ショッピングなどを楽しむことができ、毎年赤ちゃんからお年寄りまで約80万人の人が訪れる「オーストラリア最大の年間チケット制イベント」として名を馳せています。農業の発展を祝う祭典であることから、ショーの収益はニューサウスウェールズ州の農業プログラムや教育事業、青少年活動などに運用されているというのも素晴らしい点でしょう。

こうした海外の事例に見る「まち全体を活

性化する公園」には、共通点があります。それは、**補助金に依存せず、企業からの投資や文化的活動の収益によって運営されていること**。

その資金調達法や経営手法を参考にしながら、自分たちのクリエイティブな力を信じ、「自立した公園運営」に取り組んでいきましょう。

公園再生で地域の人々の意識が大きく変わる

コロナ禍をきっかけに「地方移住」に興味を持つ人が増えました。しかし、こうした懸念材料があったり、移住者の受け入れ体制がまだ整っていないこともあります。

地方創生事業が進まない原因として、住民の**「再開発反対運動」**があります。受け皿となる住宅や、にぎわいをつくると銘打つ商業施設の建設で、先祖代々守ってきた家や土地を手放し、立ち退かなければならない……そうした立場の人が再開発に反対するのはやむを得ないでしょう。

また、再開発の常套手段といえば、タワマンを始めとする都市型マンションの建設ですが、これには限界があります。

人口が増え過ぎて、生活インフラの整備が追いつかない、収益性の面からホテルやオフィスビルに勝てないことなどから、行政による規制が入ることがあるのです。

私が稲毛海浜公園の再開発を始めたときにも、「幕張までが都市開発の限界」という話が聞こえてきました。

このように、まちの中に新たな用地を確保し、住む人に立ち退きを求めて再開発を行うのは限界があります。

けれども、公園の再開発ならばどうでしょう。基本的に私たちの考える公園開発は、まっさらな用地に新たに公園をつくるというモデルではなく、**もともとあった「手が加えられなくなった」公園に経済圏をつくり、再生していくというリニューアル事業**なのです。

つまり、誰かを立ち退かせたり、区市町村の財政を圧迫したりすることなく、地域の再生や産業・雇用の創出、地価アップなどを実現することができます。

そして「公園を軸とした街の経済復興」に成功すれば、反対していた地権者や居住者の意識もきっと変わります。その他のエリアの再開発にも前向きになってくれるという期待感が持てるでしょう。

これは、行政にとってもメリットがあるものです。これまで第三セクターに支払っていた公園の維持管理コストを支払う必要がなくなり、収益性の向上によって、「地代」という新たな収益を得ることも可能になります。民間主導の「公園から始める再開発事業」は「好循環システムの出発点」と言えるのです。

今まで地方には、そうした〝場〟がありませんでした。強いていえば、近年増えてきた「道の駅」が近いイメージではあるものの、産業の規模という点でまったくスケールが違います。地域の公園が可能にする、WIN－WINの輪が広がる経済循環。その可能性のダイナミズムを、ぜひ感じてほしいと思います。

「パーク・デベロップメント」は、若者主導の地方創生

私は、公園再生は次の世代を担う若者たちがどんどん自立していけるようなビジネスモデルにしたいと考えています。**若者主導での地方創生、それがパーク・デベロップメントでありたい。**

公園再生を自立型のビジネスにしていくという意味は、前述したように、２０１７年の都市公園法の改正によって、Ｐａｒｋ‐ＰＦＩが創設されたことに因ります。つまり、民間の投資を呼び込んで、公共施設の維持・運営などに、民間の資金やノウハウを活用することです。

そこにはおのずと収益性というものが必要になるのですが、ただ公園再生のビジネスは単に儲かる、儲からないだけで判断すべきではないのもまた確かです。

こう言うと矛盾に感じるかもしれませんが、儲かりさえすれば何をやってもいいかといえば、けっしてそうではないのです。

大事なのは、これから１００年続く「世界に誇れる公園文化」をつくること。そのためには、刹那的な利益の大きさを求めるのではなく、真に地域に愛され、多くの人の共感を得らえる公園にしていかなければなりません。またそうならなければ、永続的に循環していく経済圏や、収益を生み出すモデルはつくれないわけです。

つまりは、自分たちの子どもであり、さらには孫の世代まで、サステイナブルな価値を持つマーケットをつくっていく必要があります。

それを、われわれ40代や50代でやろうと思っても、ときに限界があるでしょう。だからこそ、**20代や30代の若い人たちがモチベーションを持って手掛けることのできる、魅力あるビジネスにしていきたい**と思っています。

もちろん、われわれビジネスマンも、若い人が頑張る姿を見ると、モチベーションが上がります。若いやつには負けられない！　そして、若いやつらを応援してやろうという気持ちにもなるでしょうから。

私が自分の会社や取引先で若い人たちに接するとき、〝今の若者は自分の考えをしっかりと持っているな〟と感じます。いい大学に入っていい企業に就職する……という意識は薄れ、自分たちで事業を創っていきたい、新しいものを創りたい、自ら起業したいという気概を持っている若者は大勢いると感じるのです。

昔はそうした優秀な若者は、役人になって日本を変えてやる！　と考えたものですが、今は行政や自治体が社会を引っ張るのではなく、民間の若者がどんどん新しいビジネスを興し、社会の価値を創っていく時代だと思います。

われわれが20代のころの感覚とは違う、事業創成は自分の身近なところにあるという思考を多くの若者が持っていますから、ぜひそれを活かしてあげたいのです。

また、私自身が、初めて千葉で仕事をするなかで、地域の人の地元愛や、社員の「稲毛を盛り上げたい」という気持ちを強く感じました。

特に、地元出身の若者を採用したことで、皆それぞれの想いがあることを知りました。どうすれば稲毛を盛り上げられるのか、公園の魅力を最大化できるかと、知恵を絞って積極的にアイデアを提案してくれています。

昔から稲毛で遊んでいて、「ビーチがもっと素敵になればいいのに」「バーベキューをしているときにこんな施設があればいいのに」……と原体験にもとづいた意見を持つ人も多くいます。そんな、「地元を良くしたい」という地域愛を持った若い人たちの想いと力を、ぜひ公園再生に活かしたいと思います。

若い人たちが、「自分はこれをやりたい！」と手を挙げて、自分たちの未来を創るための新たなビジネスに入っていく姿って、格好いいと思いませんか？　これまで何もなかったまっさらな中に夢を描ける。それって素晴らしいと思いませんか？

公園再生ビジネスへの参画はもちろん、事業への参入は、それほど難しいものではありません。そのベースになる「公園」という手つかずの原石が、すでにあるのですから。

ぜひ若い人たちは、持ち前のベンチャー精神で、その扉を自分の手で開いてみてほしい。その土台となるビジネスモデルを創るために、われわれが今頑張っています。

行政投資以上の歳入を見込めるビジネスモデル

日本の地域創生に関する事業は「第三セクター」が実施し、100％が税金で賄われているものも少なくありません。少なくとも、何らかの形で税金による補助がなされているものばかりです。

その点、民間が介在して公園再生を行う「パーク・デベロップメント事業」は、収益性を伴う完全な〝ビジネス〟であり、得られた利益はさまざまなサービスとなり、必ず地元に還元されていきます。

このとき大事なのは、**民間事業者のビジネスとして利益が上がれば、自治体の歳入も同**

じように上がっていくということです。

行政サイドはこれまで、公園の維持管理費は明確に「コスト」と捉えてきました。税金から直接、運営を担う指定管理業者へ業務委託料として支払うわけですから当然でしょう。けれども、パーク・デベロップメント事業で収益を上げ、こうした維持管理費を独自にまかなうことができれば、もはや自治体からの税金の支出は必要ありません。

ましてや、新たな公園事業による〝地代〟に加え、上がった利益に伴う税収が入ってくるわけで、その収益を今度は福祉や教育に回せます。維持管理費という支出がなくなり、逆に地代や税収が生まれ、ほかの行政サービスが充実していく――。

住民の皆さんにとっても、自ら公園を楽しんで使ったお金が、自分たちの暮らしのサービスへとつながっていくというメリットが得られます。

地域住民にとっても活きたお金となり、新たな価値となって戻ってくる。まさに循環型であり、行政を取り込んだ経済圏ができ上がります。その中心になるのが公園であり、誰もが喜ぶ「ＷＩＮ－ＷＩＮ－ＷＩＮ」の形が創出できるのです。

行政が行うのは、公園事業に伴う規制緩和をしつつ、適切に公共の場である公園が生まれ変わっていく過程を支援していくことです。

事業計画の実践や収益を上げるという点は、民間のイノベーション力に委ねればいい。固定観念や既成概念、前例主義などではなく、民間事業者と共に歩んでいく姿勢で見守っていただきたいと思います。

もちろん、公序良俗に反するものであってはならず、民間事業者が何をやってもいいというわけではありませんので、規制緩和のさじ加減は必要ですが、ぜひ柔軟な姿勢を行政の担当者に求めたいと思っています。

行政の「理想」は、民間との「共創戦略」でしか実現しない

まちづくりや地方創生を進めていく上で大切なものとして、**「官民連携」**という言葉がよく使われます。あらためて官民連携とは、官である行政と、民である民間企業が協力して公共サービスを提供していく考え方です。

民間企業の持つ経験やノウハウ、企画力や技術を活かし、行政の業務効率化やサービス

の向上などを実現していくものです。

本書で掲げている公園再生事業も官民連携の一つであることには違いないのですが、私はもう一歩踏み込んだ**「官民共創」**こそが、この事業にふさわしい言葉だと考えています。

つまりは、**行政と企業が連携しながら、新しい価値を創造していくために手を携えること**。既存の業務を円滑に進めるための協力が連携なら、そこにイノベーションという変化を加え、これまでになかった事業やサービスを共に生み出していくのが「共創」なのです。

公園に新しい経済圏をつくり、産業と雇用、住民の利益を生み出していくパーク・デベロップメント事業は、まさに官民共創の考え方にマッチするものと言えます。

共創は新しいものを生み出すために、お互いの考え方を変えて補っていくことが重要です。ですから、条例として縛られているものの中には変えていくことも必要であり、民間も思考を柔軟にしながら行政に歩調を合わせることが求められます。

こうした共創の考え方によって、公園にイノベーションを加えていくのが公園再生なのです。

たとえば**公園の価値には、「コト軸」と「アセット軸」の二つの軸**があります。

コト軸はイベントをはじめとした無形の価値の共有で、アセット軸は建物や空間がもたらすモノの利用価値を表すものです。

この二軸を効果的にリンクさせながら、訪れた人の滞在時間をできるだけ長くし、得られる体験価値を高めていく。そして、コト軸とアセット軸の両軸からもたらされる感動体験を共有するために、SNSで発信してもらう――。それがループになり、経済圏のベースとなって広がりを生んでいきます。こうした価値創造の循環を、官民共創によってつくっていくことが重要です。

これまでの行政のスタンスは、もちろんすべてがそうではありませんが、たとえば新たな取り組みを通じて税収入を上げていくという感覚よりは、住民のクレームにならないように、行政の責任を追及されないように万全の対策を講じて……そうした思考のもとで、指定管理や管理許可という考え方が出てきた面が否めないと思います。

けれどもこれからの日本は、少子高齢化と人口減少が劇的に進み、確実に税収の減少が見込まれる世の中になります。いつまでも、公園の維持管理にコストをかけていける状況ではなくなります。

だからこそ、公園に経済圏をつくって収益化し、税金による支出ではなく、地代と税収入が得られる変革へと舵を切る必要があると言えます。

今こそ官民共創の思考を大事に、公園を軸にした新しいまちづくりを始めるべきだと考えています。

「全国パークデー」で日本中が元気になる！

公園再生を実現するパーク・デベロップメント事業には、官民共創の考え方が欠かせないと書きましたが、もう一つ、大事にしたい概念があります。

公園自体の独自採算を実現し、公園を地域産業を生み出すプラットフォームにするために、**「ESGマーケット」**を意識しながら進めていく必要があると思います。

ESGとは、**環境（E：Environment）**、**社会（S：Social）**、**ガバナンス（G：Governance）**の英語の頭文字を合わせた言葉で、企業が長期的に成長するためには、ESGの3つの観点を経営に加味していくことが必須との考え方が世界で広まりつつあります。

企業がＥＳＧに配慮した経営をすることで、ＳＤＧｓの達成に貢献できるとも言われており、持続可能で豊かな社会の実現を目指すためにも、ＥＳＧへの取り組みはいっそう拡大していくと考えられます。加えて、地方創生は日本のＳＤＧｓ推進の重要なテーマでもあり、ＥＳＧ活動の拡大が、地方の活力創出を促すことにもつながります。

ＥＳＧ市場は、日本の大手企業も参入を狙っていますが、まだ上位の企業は少ない現状があります。大手企業が取り組みをしようと考えても、多くの地方で地域を盛り上げる産業を創出するモデルが少なく、広がりをつくれないという状況があるわけです。

そこで、私たちが公園を軸としたモデルケースをつくるのです。もちろん、地域に根差して長く続く企業もたくさんありますが、誰もが共感値を高めながら収益を上げ、地元の若い人を巻き込んでいく事業を展開しているところはなかなかありません。それを再現性のあるモデルによって実現していくのが、私たちの公園再生なのです。

全国にある約１４００の総合公園で地域に根差して長く続く公園ビジネスモデルを実現できていけば、まさに世界を代表する観光産業になり得ます。「温泉があるから、あそこに行こうよ」ではなく、「公園があるから、あそこに行こう」という、一大産業に発展する可能性があると思うのです。

そして、1400カ所の土地の再活用によって、不動産の価値を上げていくこともできます。つまり付加価値を上げれば地価が上がり、言うまでもなく地方経済に好影響を与えます。ニューヨークのブルックリン・ブリッジ・パークのあるブルックリンの街が、今ではマンハッタンよりも地価が上がったというのも、それを示唆する表れと言えるでしょう。

そうやって、もしも日本中の公園再生がなされていけば。たとえば、**「全国パークデー」のような国民的な記念日になって、全国の公園でイベントが行われる。**1400カ所で一斉にフェスが行われる日が来るようなことがあれば、きっと日本中が元気になれるはずです。

そんな夢物語を？　いえ、私は本気でその日が来ることを信じています。世界に例を見ない日本ならではの一大イノベーションを、あなたも一緒に実現していきませんか。

第3章

地方創生産業を変える「パーク・デベロップメント」

2017年4月、稲毛海浜公園内リニューアルの公募が開始

私たちが現在手掛けるパーク・デベロップメント事業、SUNSET BEACH PARK INAGE。この章では、現在実際に進めている公園再生プロジェクトとして、その具体的な中身について紹介します。

千葉市美浜区にある「稲毛海浜公園」は都心から車で約40分、同市の海岸線沿いに広がる海浜ニュータウンの稲毛・検見川の地区に位置する総合公園です。1961〜1976年、東京湾周辺の埋め立て事業によって旧稲毛海岸の自然環境がなくなってしまい、それを再び取り戻すことを目的に整備され、都市公園として1977年に開園しました。

東京湾に面する全長約3キロメートル、面積約83ヘクタールの広大な土地に、ビーチや海水浴場、千葉市花の美術館、稲毛記念館、プール、運動施設、ヨットハーバー、バーベキュー場、広場やレストランなどが集まる公園施設として、千葉市によって管理・運営されてきたものです。

以来約40年のあいだ、公園はほぼ手つかずの状態だったわけですが、民間の参入による公園施設の再整備や運営を決めたことによって転機を迎えることになります。公園の開発について地方自治体が民間事業者から企画提案を募り、最も優れた事業者の提案が選定されるというプロポーザルが実施されることになったのです。

当時、私たちの会社は設立して約３カ月が経った頃でした。「１００年先も続く文化創造を目指して、土地と地域・人がつながる場をつくる」とのビジョンを掲げ、以前からそれを実現できる公園開発の場所を幅広く探していました。そのとき目に留まったのが、この稲毛海浜公園への企画提案だったのです。

まさに、この機会を逃してはならないと思いました。

まず始めたのは、地元の皆さんが共感でき、それがあるから公園に来たい、と思ってもらえるランドスケープを何にするか。

公園独自のテーマは何にするか、そして地域の魅力をシンプルに打ち出せる要素を込めることに徹底的にこだわり、熟考を重ねました。

地元の方と話す機会を積極的に設けたなかで、「20年後でも変わらない、稲毛ならでははの良さは何だろうか？」と考えたとき、出てきたのが、県外から来る人にも自慢できる**「いなげの浜から見るサンセット」**だったのです。

名称を「SUNSET BEACH PARK INAGE」と新たな愛称をつけて、最大の魅力であるサンセットを軸に、「チル・くつろぎ・サスティナブル・ウェルビーイング」をブランドの表現として創造していく。

サンセットをより映えるものにするために、砂浜を真っ白なホワイトサンドに入れ替え、海へ延びるウッドデッキをつくってカフェを置き、サンセットを最大限味わえるスポットをつくることにしました。

他にも、グランピングで自然を楽しめるサービスを用意し、園内の自然を存分に体験できるよう展開するなど、多彩なコンテンツが混ざりあった新たな都市型リゾートパークとしてリニューアルすることを考えたのです。

プロポーザルは8社が競合する企画コンペとなりましたが、結果的に当社に圧倒的な評価をいただき、受注することができたのでした。

たとえば、ここに単なるアミューズメントパークをつくりましょう、という提案であったなら、こうした評価をいただけたかどうかわかりません。いえ、きっと難しかったのではないかと思います。

その勝因は、**公園の価値を、稲毛ならではのオリジナルのものにしていかなくてはいけない**——そのコンセプトを評価いただけたのだろうと考えます。

きっと未来永劫廃れることのない、稲毛のサンセットという魅力。全国に例のない、サンセットを楽しむ唯一の公園であるというテーマが、皆さんの共感を集めることになったのだと思っています。

日本一サンセットが美しく見えるピア

従来の都市開発事業では、人工的な緑地の設置により「自然」を演出したところが数多くあります。しかし稲毛海浜公園内の再開発は、**「その土地にもとから根付く、豊富な自然を生かすこと」**をコンセプトに進めました。

公園を訪れた人や地元の人が、サンセットを楽しみ、その時間をかけがえのないものにしてもらえるようなシチュエーションをつくりたい。サンセットを見る文化をもう一度この公園に取り戻したい――そう考えて用意したのが、砂浜から緩やかに高くなる設計で海上に47メートルせり出し、全長が90メートル、幅10メートル。サンセットが一番美しく見える場所として設置された海へ延びるウッドデッキです。

加えてウッドデッキ上の突端はカフェになっていて、「The SUNSET Pier & Café」と名付けました。イベントなども催すことができます。園内の最大の魅力でもあるダイナミックなサンセットを海の上から楽しむことができる場所であり、ドリンクや音楽を合わせて楽しめる空間となっています。

2022年の夏は毎週末、1200万人のTikTokのフォロワーを持つ2人のDJが来てくれ、夕日を見ながらのDJ音楽イベントを開催して大いに盛り上がりました。こうしたイベントを通じても、これまでのいなげの浜のイメージを変えていきたいと考えています。

地元に息づく財産をベースに考えていくからこそ、共感をもとに、さまざまな企画やアイデアがいろいろな人から寄せられます。その一つひとつが、地域を盛り上げていく公園再生の力になると思っています。

黒い玉砂利の海岸が白砂のビーチに変わった!

稲毛海浜公園にある「いなげの浜」は、もともと長さ1200メートル、幅200メートルの国内初の人工海浜です。埋め立て地を開発した稲毛海浜公園の開園に先立ち、1976年4月にオープンしました。

じつは、日本のビーチには特徴があります。全国を見ても、「黒い砂」のビーチが圧倒的に多いのです。

日本になぜ白砂のビーチが少ないのかというと、「砂」の種類に違いがあるからです。白い砂浜は、サンゴの死骸や、花崗岩という白色の岩石が細かくなった砂によってつくられますが、日本は火山国であり、海岸の砂も、溶岩が砕けてできた黒い砂になってしまいます。そのため、美しい白砂のビーチは沖縄ほか、一部の地域でしか見ることができないのです。

稲毛海浜公園の場合はもともと人工海浜であり、海岸は黒い玉砂利の砂浜でした。それを日本全国でも希少な、ホワイトサンドビーチに変えられれば、海浜公園の価値は大きく上がるのではないか？

そう考えた私たちは、**「いなげの浜」をまぶしい白砂がいっぱいに広がる、新しいビーチに生まれ変わらせる**ことにしました。つまり、これまでのビーチの砂を、すべて白砂に入れ替えてしまおうということです。

ただし国内の砂は、海岸から持っていってはいけないという規制があることを知りました。ですが、「海外から白砂を持ってくる」のであれば話は別です。いろいろと調べたところ、オーストラリアの山砂の質がとても良いことがわかりました。

使用した白砂は、西オーストラリア州アルバニー産の山砂で、ガラスの原材料としても使用される無機物の鉱物です。石英（二酸化ケイ素）の純度が高く99・5％を占めており、真っ白でサラサラとした手触りが特徴です。山砂であるため海の生物を含まず、環境への影響も少ないものです。

その白砂を、オーストラリアからタンカーに積んで日本に運び、お台場に荷下ろしして

トラックに積み替え、稲毛海岸に運び入れました。
そして全長1・2キロメートルの「いなげの浜」に白砂を敷き詰め、従来の海辺は一面が真っ白な**「ホワイトサンドビーチ」**へと変貌したのです（写真）。

その結果、都心からもっとも近い、十分な広さのあるホワイトサンドビーチに生まれ変わりました。白砂にしたことでビーチの価値は各段に上がり、今は多くの人が訪れる人気スポットになっています。

やはり、白砂のビーチは魅力なのでしょう。それまで足を運ばなかった中学生らが来てくれるようになり、白いビーチから見えるサンセットを、どんどんInstagramなどのSNSにアップしてくれています。

このピアとビーチを新しく創る事業は、千葉市の理解のもと、その多くが自治体側の投資によって整備されました。「官民共創」が具体化した形という意味でも、しっかりと地域に根付かせていきたいと考えています。

自然と共生しながら楽しむ、新時代のグランピング施設

「SUNSET BEACH PARK INAGE」のメインコンセプトである「サンセットを見る」という文化とともに、公園には「地元の自然体験」の要素を敷き詰めることも大事にしようと考えました。

その一つとして、稲毛海浜公園内の自然の中でキャンプとＢＢＱが楽しめる**「グランピング」**の体験を提供しています（写真）。

千産千消《ちさんちしょう》（地産地消）をテーマに、地元・千葉の農家と提携し、採れたての食材をふんだんに取り入れたメニューを提供。また、海や自然に囲まれた園内で、さまざまなアクティ

small planet CAMP & GRILL

ビティを体験しながら滞在できるグランピング施設となっています。

同時に、自然との関係性を考え直すためのワークショップや、ＢＢＱのフードロスを堆肥に変える「コンポスト」の利用体験など、サスティナブルな取り組みも実施しています。これからのニューノーマル時代にふさわしい、自然と共生しながら楽しむライフスタイルを実現する「新時代のグランピング体験」にしたいと考えています。

そのほかにも、公園には「地元の自然体験」に通じるさまざまな要素を入れ込んでいます。

公園の最大の魅力であるサンセットをベー

スに、自然を活かすなかでのチルやくつろぎ、サスティナブルやウェルビーイングを表現していくことをコンセプトに、今後さらなるバージョンアップをはかっていく予定です。

ほかのどこもやらなかった、「プロポーザル」での独自提案

プロポーザルの実施から6年。今地元の方々から、「自分たちのまちにこんな可能性があったのか」「ここまで変わることができるのか」と公園再開発に高い評価をいただけているのは喜ばしいかぎりです。

地元では、約40年前に稲毛海浜公園ができたときに住宅を買われ、今はお子さんが独り立ちして夫婦での暮らしになっている方が多くおられます。

若者が地元に残らないという懸念とともに、再開発が進むまちの一方で取り残され、とはいえ自分たちで行政に働きかけることもできない……。そんな現状を打破して、地域活性化のイメージや期待感が湧いていくような提案ができたとしたら、こんなにうれしいことはないと強く思います。

都市開発の側面から言うと、幕張を開発した大手デベロッパーは、そのエリアを稲毛にまでは広げませんでした。いわば、取り残されてしまった稲毛を、われわれが公園開発によって、新しいまちに生まれ変わらせたい。これからタワーマンションの建設予定もあるようで、新たにまちが変わっていくことを実証したいと考えています。

何より私たちは、今回の事業で、腹をくくって自分たちで投資をかけていきながら、公園再生の事例をつくっていくという覚悟がありました。投資を呼び込んで、小さな経済圏を創出し、公園が自立自走していくというモデルを創る。それをやり遂げる覚悟があると自負しています。

従来の、民間が公園事業を担うという業務の受け方は、指定管理業者になって、運営だけを担ってお金をいただく、というものでした。

けれども私たちがプロポーザルで強調したのは、**管理許可権者という立場になり、公園運営によって利益を生むビジネスに変えていく**ということです。

つまり、指定管理業者として運営費をもらうのではなく、必要な投資をかけてリニューアルを行い、それが終われば管理許可権者となり、指定管理のお金はいただきません。以後は、設置許可権のなかで自ら事業を行っていくという形態なのです。

そうすると、われわれは管理許可権者として、自治体側に「地代」を払っていかなくてはなりません。これまでの章でも説明しましたが、これは行政にとって、財政の流れが逆転する大転換です。

つまり千葉市にとっては、これまで**公園の維持費として毎年4億円をかけていた税金が不要になり、逆に収益が入る側になった**わけです。

さらに言えば、民間企業である当社が公園事業によって利益を出せば、それだけ千葉市の税収が上がるというメリットも生まれます。6年前のプロポーザルでこうした提案をしたのは、われわれだけということでした。

このモデルの成功事例をつくれば、全国のどの公園でも汎用することが可能であると示せます。これが産業をつくり、経済圏をつくるという公園再生、パーク・デベロップメント事業の基本的な構図です。だからこそ、今回のSUNSET BEACH PARK INAGEで投資をしていく意味があるのです。

実際にアメリカの公園では、こうした自立型のビジネスモデルを構築している公園はたくさんあります。ですからけっして不可能ではないし、それどころかハードルはそれほど高くないのです。大事なのは発想の転換であり、これが当たり前だと考える価値観の変革だと私は思います。

厳しさを増す自治体の財政を考えれば、渡りに船という提案ではないでしょうか。そうやって税金の使い方や流れを変えていく。それができるのは、前例や既得権益の縛りを受けない、私たちのような若いベンチャー企業です。地域や地方を変えていく前例となるべく、今奮闘しているところです。

「花の美術館」は、「愛犬歓迎」の新スポットに

公園の価値には、「コト軸」と「アセット軸」の二つの軸があると説明しました。稲毛海浜公園内にも、建物や施設を中心としたアセット軸に含まれるものは多くあり、その一つが、**「千葉市花の美術館」**です（90ページ写真）。

23年前に建てられた千葉市が運営する花のミュージアムで、年間約10万人の来場者がお

千葉市花の美術館

られました。ただ収益としては毎年赤字の状況で、われわれ民間業者としては、それをビジネスに転換する必要がありました。

投資をできるだけ抑えるなかで、再整備ができるカタチは何かと知恵を絞り、たどり着いたのが、**「日本一美しいドッグラン」**をつくることだったのです（91ページ写真）。

つねにカラフルな世界観が楽しめる、花と緑と犬のワンダフルガーデンをコンセプトに、館内を「グリーンエリア」と「フラワーエリア」の二つのテーマで構成。従来の花と緑を楽しむコンテンツはそのままに、その空間で犬と一緒に楽しめるドッグガーデンを用意したい。

日本一美しいドッグラン　※イメージ図

犬と一緒にＢＢＱが楽しめるアウトドアグリルや、草花を購入できるショップなど、花の美術館としてのコンセプトは残しながら、ドッグランをはじめとした新たな要素を加味してアップデートした空間につくり直す予定です。

　また、そのほかのアセット軸に当てはまるものに、**「稲毛記念館」**があります（92ページ写真）。稲毛地域の歴史や風土に関する資料を数多く展示した記念館ですが、こちらも整備を進めていく考えです。

　たとえば、高齢者向けのサービスを提供できるコンテンツを考えています。

　合わせて「子ども食堂」を併設して、たと

稲毛記念館

えば一人親の方に働き手として来てもらうと、社会貢献も含めた新たな付加価値につながるのではないかとも思います。

つまり、既存の施設はすべてNGなどと考えるのではなく、それを活かしながら、新しい魅力づくりにつなげていく。もちろん、雇用を維持していくことも重要でしょう。

その上で、これまで愛着を持ってそこで働いてきた人たちの「どうしたらもっと良くなるか」という視点でアイデアを出していくことが大事だと考えています。

地元の文化と今の時代が融合した新しいイベントを創る

これらの「アセット軸」に関する要素の一方で、イベントの開催など、公園の「コト軸」におけるアップグレードの面はどうでしょうか。

たとえば稲毛にも、「稲毛区民まつり」という市民のお祭りがあります。ここは埋め立て地が中心の土地柄なので、伝統的に古くから続く祭りはないのですが、地方にはいろいろな伝統的な祭りがあると思います。

ただ、これからの公園は、若い人たちが自分たちの祭りをつくっていくような場所にしてほしいと考えています。伝統文化の継承も大事ですが、一方で新しい地元の祭りをつくっていく場にしてもらうといいのではと思うのです。

私たちは公園をアップデートして、地域の新たなランドマークにしたいと考えていますが、その要素の一つとして、**新しいイベントや祭りを生み出す場にする**……そんなコト軸を起こしていく場所にしていきたい、という発想です。

それこそ、ねぶた祭りや阿波踊り、七夕まつりといった、地域の伝統的な祭りのパワーってすごいですよね。そうした一大イベントがあるまちはいいのですが、ないところは若い人たちで創り出そうということです。

こうした祭りやフェスを自らでつくり、提案していきます。その中に、地域で大事にしてきた伝統というものが、エッセンスとして加わっていけばいい。そんなイベントを若い人たちに担ってもらい、みんなの共感の場であるSUNSET BEACH PARK INAGEで開催したいと考えています。

今まで地域で大事にされてきたものを認識して、自分たちなりにアレンジして新しいものにしていってもいいでしょう。それを公園で創り、みんなで楽しめる文化にして、地元で引き継いでいく。**コト軸のイノベーションを起こしていく場所に、公園がなれたらいいと思います。**

従来の稲毛海浜公園には、そうしたコト軸がほとんどありませんでした。

2022年の夏、海へ延びるウッドデッキの突端につくった「The SUNSET Pier & Café」を中心にさまざまなイベントを開催しました。

それとともに、ホワイトサンドビーチに多くの家族連れやカップルが訪れ、グランピング施設に宿泊する人が増え、サンセットを見る文化が定着しつつあります。東京湾越しに見える富士山と夕日がつくる「ダイヤモンド富士」の景観を楽しみ、海水浴場も含めた新たなにぎわいがビーチに生まれていきました。

その中に、地域の文化や伝統を受け継いだお祭りがあったら、きっと楽しいでしょう。新しいコト軸を創り出し、地元のみんなが集い、楽しむ場にしていく。これからSUNSET BEACH PARK INAGEを舞台に展開される名物フェス？　に、ぜひ期待してほしいと思います。

「マルシェ」のコミュニティが生む公園内の経済循環

いま、**「マルシェ」**が、まちの中でよく催されているのを見にする人も多いでしょう。マルシェは、フランス語で「市場《いちば》」を意味するもので、日本では**「朝市」**や**「フリーマーケット」**と言ったほうが馴染みがあるかもしれません。ただ、フリマは古着や古道具などの中古の品物を並べる点で、少しマルシェとは異なりますが。

このマルシェは、フランスではふだんの食材などを買い求める場所として、生活に欠かせない場所になっているそうです。日本でも近年、定期・不定期を問わず、さまざまなマルシェが開かれるようになりました。

私たちのSUNSET BEACH PARK INAGEでも、不定期で**エシカルをコンセプト**にした環境に配慮した商品や、ハンドメイドを扱うお店が出店する「マルシェ」を開催しています。公園の中の小さな商店街のイメージで、地元を中心に毎回10前後のいろいろな方々に出店してもらっています（写真）。

お店の規模はまったく問わず、コンセプトに合えばウェルカムです。誰でも出店できて、出店者同士もお客さんともすぐに仲良くなる、新しい出会いの場にもなるコミュニティと言えます。

最初はなかなか人が集まりませんでしたが、1年ほどが経ってすっかりイベントとして定着し、今は多くの来場者でにぎわうようになりました。お客様と顔なじみになる出店者の方も多く、お互いに「毎月遊びに来るのが楽しみ」と喜んでもらっています。

生産者やつくり手の顔が見えるコミュニケーションの中で、公園との良いタッチポイントがつくれています。

マルシェは地域の人たちと助け合っていく小さな商店街であり、生産者と消費者が身近につながることのできる場です。単にモノを売って買う、というものではなく、その場の空気感や買いもの自体が楽しくて、お互いのコミュニケーションを深めていけます。

その意味でも公園は、マルシェが成り立ちやすく、開催しやすい場所です。お互いが支え合うコミュニティができやすい土壌や環境、雰囲気があり、足を運びやすいハードルの低さがあるからです。

それによって出店者がどんどん増え、お店のバラエティーが広がれば、おのずとお客さんも増えていきます。「あそこのマルシェ、いいよね」という口コミがSNSを通じて広がり、いっそう経済が回るようになるわけです。

マルシェで売るものは、まさに何でも構いません。当パークでは大きな規制をかけずに、基本的には何でもいいとアナウンスしています。地域の特産品や地場の野菜などの食材はもちろん、手づくりのバッグや工芸品、アロマオイルやレモネード……いろんな商品が並び、手づくり感もあいまってワクワクします。

出店者の方も、お客さんとのコミュニケーションの中で何が売れるのかを考えながら、売る力をつけてくれています。それが経済圏をつくることの一つとも言えるのです。

その結果、一日の来場者は多い日は数千人の規模になりました。人が人を呼ぶから、規模はどんどん広がっていく。いろんなコトのベースが公園にあるからこそのにぎわいだと思っています。

もちろん、集客に向けて努力するのは、私たちパーク事業者の仕事です。その意味でも私たちがマルシェを開催するときには、音楽イベントやキッチンカーフェスなど、さまざまな催事をリンクさせるよう努めています。

ただ場所を提供するのではなく、そこにしっかりと集客をかけることが大事です。それによってコト軸の相乗効果を図り、公園としての経済循環を活発にしていくわけです。その結果、出店者にも来場者にも喜んでもらうことができて、人が集まる場所としての広がりができていきます。

マルシェの皆さんは、自分たちの商品を知ってもらいたいから出店してくれている。その想いをしっかりと汲み取って、運営サイドが積極的にＰＲによる集客をかけていくことが大切なのです。

公園再生を、誰もが参入できる「産業」に変革していく

ここまで、SUNSET BEACH PARK INAGEにおいて展開するアセット軸、コト軸のいくつかの要素を実例として紹介してきました。

今後は、こうしたイベントなどのコト軸、建物や施設のアセット軸のいずれも、事業者の募集やコミュニティづくり、協働を希望する方への情報発信を積極的に行っていきたい

と考えています。

たとえば、焼き鳥の修行をして店を開き、今まで一生懸命切り盛りしていた31歳の人がいるとします。それが今回のコロナ禍で、やむなく店を畳まなければならなくなった。でも、せっかく培ってきた焼き鳥の技術を捨てるのはもったいない――。

もしもそんなシチュエーションがあるとすれば、パーク内のキッチンカーで、もう一度自分の技術を糧に復活することにトライしてみてほしい。そんな機会を与えられる場として、多くの人にこの公園を知ってほしいのです。

私は本書で紹介する**「パーク・デベロップメント」というビジネスに、より多くの人に参画してほしい**と思って、この本を書いています。

これまで、公園など自治体の所有物をベースに事業を展開していくには多くの法規制があり、「参入障壁ってきっと高いよね」「プロポーザル？　なかなか通らないでしょ」と考える民間業者はきっと少なくなかったように思います。

そんなイメージを、これからは変えていきたいのです。

確かに多くの場合、プロポーザルと呼ばれる企画提案コンペを通過しなければ、公園の開発事業を自社のビジネスにすることはできません。ただ、そのハードルは思うよりも低いことを、ぜひ多くの人に知ってもらいたいと思います。

スタートアップやこれから起業しようとしている人、また事業領域の拡大を視野に入れるベンチャーなどが参入しやすいビジネスモデルにしていきたい。——そのカギを握る一つが、私は**DX（デジタルトランスフォーメーション＝デジタル技術を社会に浸透させて、人々の生活をより良いものへと変革すること）**だと考えています。

私たちが今考えているのは、日本全国の公園に関するデータベースを集めて、パーク・デベロップメント事業の候補地の情報を無料で開放することです。

それによってビジネスへの参入障壁を下げ、プロポーザルに挑む際に必要な情報を可能なかぎりガラス張りにしていく。DXによってそれを可能にし、公園再生ビジネスを誰もが参入しやすい一つの産業として確立していくことを目指したいと考えています（こうした最新のDX戦略は、公園再生ビジネスに多分に搭載可能で、詳しい内容は第6章に記載します）。

私たちが稲毛海浜公園リニューアルのプロポーザルに挑んでから、はや6年が経ちました。今、Instagramのハッシュタグ検索に「稲毛海浜公園」と入れれば、4・1万件もの写真や動画が表示されます。これが、この数年間に起きたイノベーションの一つです。これだけ体験の共有の拡散が進んでいるわけです。

そして来場者数においても増加してきています。この集客が続いていけば、確実に収益性も担保できます。

こうした共有や共感が進んだ後のさらなる受け皿づくり。どう新たな〝経済圏〟の構築につなげていくかが、われわれ民間の腕の見せどころでしょう。

何よりも、今回のプロジェクトにおける確固たる事実は、稲毛海浜公園は千葉市に帰属し、何をどうするかを決めるのは、最終的には行政であり議会だということです。

ですから皆さんに首を縦に振ってもらわなければ、どんな素晴らしいプランを立てても、絵に描いた餅になってしまうわけです。

だからこそ**大事なのは官民連携の姿勢であり、さらに踏み込んだ「官民共創」のスタンス**です。その点、おかげさまで私たちは、理解のある地元の行政・議会の皆さんの共感のもとに、これまで事業を続けてこられました。

これからも地域を、私たちの地元をもっと良くしていきたいという理念のもとで、市民の皆さんに愛されるパークを目指して、この公園再生事業を進めていきたいと考えています。

第4章

STEP 1 パーク・デベロップメント実践編

どうやって行政のプロポーザルを勝ち抜くか

公園再生ビジネスの、最初にして最大のハードル

私たちが現在手掛けるSUNSET BEACH PARK INAGEのプロジェクトは、千葉市都市局が公募した「プロポーザル」、「稲毛海浜公園施設リニューアル整備・運営事業」で事業者に選定されたことから始まりました。

プロポーザルとは、主に業務の委託先や建築物の設計者を選定する際に、複数の者に目的物に対する企画を提案してもらい、その中から優れた提案を行った者を選定することです。

ちなみに、同都市局から示された募集事業の記載内容は、「稲毛海浜公園（都市公園）の各ゾーンにおいて、民間の事業者が自己の資金で公園施設の新規整備または改修を行い、周辺を含めた一帯の区域において、魅力的な運営と適正な維持管理を行う事業の提案を募集します」というものでした。

本書のテーマである「パーク・デベロップメント事業」は、それまで自治体が管理・運営していた公園を民間事業者の手で再整備するものです。そのためプロジェクトのスタートはほとんどの場合で、こうしたプロポーザルを勝ち抜いて、行政側に事業者として選定

されるところから始まります。

つまり、公園再生ビジネスの最初にして最大のハードルは、この行政サイドが実施するプロポーザルを確実に勝ち取ることと言えるのです。

プロポーザルは事業の規模や種類によって幅があり、通常5~10社といった事業者が最終審査として臨む競争になります。

それは、2位も最下位も同様……と言えるような、1位評価の事業者のみが選定されるという優勝劣敗《ゆうしょうれっぱい》の仕組みです。ここを勝ち抜かなければ、せっかく組み立てた事業プランも絵に描いた餅になってしまうのです。

このように書くと、「そんなにハードルの高い入り口なら、事業受注の可能性はほぼないのでは……」などとネガティブな思考に陥ってしまう経営者がいるかもしれません。決してそんなことはありません。まったく無名の新興ベンチャーだったわれわれが、大手デベロッパーも参画していたプロポーザルを勝ち抜いたように、提案する事業プランの中身次第で1位評価を獲得することはできるのです。

言い換えれば、**行政のプロポーザルは基本的に横一線の実力勝負。実績の乏しいベン**

チャーが、同じ土俵で大手としのぎを削ることができる公平な競争の場です。誰にでも事業受注のチャンスがあるからこそ、多くの企業経営者に知ってほしい、夢のあるビジネスと言えるのです。

では、パーク・デベロップメント事業を手掛ける上で欠かせない、行政プロポーザルに臨むとき、どのような点に留意すれば評価を上げることができるのでしょうか。

この章では、私たちが経験を通じて感じてきた、それらのポイントについて紹介してみたいと思います。

プロポーザル公募時の「稲毛海浜公園」

プロポーザルの対象になった稲毛海浜公園は当時、開園から40年近くが経過し、多くの施設で老朽化が進んでいました。

一方で同公園の周辺には、海浜ニュータウンや県立幕張海浜公園、幕張新都心などが立地し、今後の開発によっては周辺エリアとの相乗効果でまち全体の活性化が見込める都市空間でもありました。千葉市でも地域経済の活性化を進めるために、一帯のエリアを対象にした「海辺のグランドデザイン」を策定。稲毛海浜公園のリニューアル公募は、行政によるそうした全体プランの一環でもあったのです。

同じように、開園から30～40年が経ち、再開発のフェーズにある公園は全国に数多くあります。そして稲毛海浜公園の例と同じく、管理・運営する自治体による「プロポーザルの公募」は、オープンな情報としてホームページなどで告知されることがほとんどです。

われわれワールドパークも当時、公園再生事業の公募に関して、全国の自治体ホームページをくまなくチェックしていました。

もともと、千葉市が発表していた「海辺のグランドデザイン」には興味があり、その後の進展を注視していた経緯もありました。そして、２０１６年４月に出された稲毛海浜公園のプロポーザル実施の告知を見つけ、エントリーしたというわけです。

このように、公園の再開発を自治体が検討する際には、その周辺のエリア一帯を対象に、都市機能のブラッシュアップをはかる「グランドデザイン」を発表することが多くあります。公園再生ビジネスのスタートとしては、こうした発表が全国のどこかの自治体でなされていないか……といった着眼点でリサーチしていくことも大事でしょう。

そして、プロポーザルの発表がある前に、行政側に「どんなふうに予定しているのですか？」とチェックを入れてみてもいいかもしれません。役所の担当者とコミュニケーションをとりながら、いろいろとヒアリングしていくわけです。貴重な情報が得られることがあるかもしれません。

行政サイドの「サウンディング」が、地域活性の最初の一歩

行政サイドがプロポーザルを実施する前、つまり自治体の資産に民間の力を入れて活性化や合理化をはかりたいと考えるとき、行政の担当者は民間企業（多くは大手コンサルティング会社など）に、事業化に関するさまざまなリサーチを依頼します。これを、「サウンディング」と言います。

どんな形態や内容で事業化をしていけば、民間業者が参入しやすくなるのかをコンサル会社に聞きながら、「事業者募集要項」を組み立てていくわけです。

参入したいと考える民間業者の興味は、もちろん地域貢献や社会公益性などもありますが、その多くは「事業の収益性」です。これが見出せなければビジネスとしての継続性は見通せず、企業として取り組むメリットはありません。

裏返せば、行政サイドとして多くの企業に参入意欲を持ってもらうには、従来の規制をできるだけ緩和し、収益性というメリットを可能なかぎり与えられる事業要項にしていく必要があるわけです。

つまり行政サイドがもっとも知恵を絞らなければならないのは、**「民間をどう儲けさせるか」**という視点であり、それを具体化すること。収益が期待できる事業にするための切り口を、募集要項の中にいかに盛り込めるかなのです。

こうした要素を公募事業に組み入れていくために、綿密なサウンディングを行っていくというわけです。

今全国では、行政による地域開発のためのプロポーザルが多く行われていますが、せっかく事業者として選定された企業が、プロジェクトの開始にあたってドロップする（事業から撤退する）ケースが増えているそうです。

当社も、全国有数の某リゾート地の開発を依頼された案件があり、さまざまなプランを提案しました。けれども行政サイドに「民間を儲けさせる」という意識が感じられず、案件がなかなか進行しない……との状況に直面している事例があります。

行政としては、エリア全体の画を描き、そこに民間が収益性をイメージできるようなものを企画として組み入れなければなりません。それがベースにあってこそ、民間は具体的なイノベーションを起こしていくことができます。

従来の行政プロポーザルの中身は、そうした視点が決定的に欠けていました。だから途中で、「もう続けられない」とドロップを余儀なくされる企業が出てきてしまうのです。

今こそ、行政が考えるまちづくりの切り口や視点には、たとえば**Z世代の思考のような、柔軟な発想をどんどん取り入れていくことが必要**なのでは？ と思います。

そして、**どうしたら民間の活力をそこに呼び込めるか？** という視点に立って立案してほしいと強く思います。その軸になるのが、「事業の収益性」なのです。

何も民間だけがいい思いをする……という発想ではまったくありません。収益を生む仕組みをそこに創ることで、新たな経済圏が育ち、雇用と産業が生まれて地域が活性化していきます。そのための最初のカギを握っているのが、リニューアル事業を立案する自治体の担当者であることを認識してほしいと願っています。

まずは、行政の「プロポーザル」をリサーチ

行政が実施するプロポーザルでは、最初に「事業者募集要項」、いわゆる仕様書といったものが公示されるのが普通です。

そこには、事業の背景や目的、事業の概要、事業提案の中身などが詳細に記されています。同時に、応募者の資格要件や提案審査の内容も明らかにされます。

たとえば、稲毛海浜公園のプロポーザルで一般告知された「提案審査」の主な項目は、下記の内容でした。

1. 事業コンセプト
2. 基本計画（基本計画・施設計画）
3. 維持管理・運営（管理運営内容・維持管理・運営計画・業務実施体制）

4．事業計画（事業性・業務遂行能力〜資金計画・収支計画）

私たちはまず、自分たちがパークをどうしていきたいのかの全体像をあらかじめイメージし、「SUNSET BEACH PARK INAGE＝サンセットを見る」というコンセプトの立案に時間をかけたことは、これまで紹介してきた通りです。

地元の魅力を活かすようなもののほうがいい、箱モノの考え方はやめようとの意見に集約されていき、サンセットをメインにする考え方に変わったという経緯がありました。

プロポーザルに際してどのような企画を立て、企画書にどう落とし込んで表現していくか。その提案をどれだけ魅力あるものにできるかが、最初のカギとなります。

こうしたプロポーザルは多くの場合、事業者が提案する内容は非常に自由度が高く、いわゆる〝丸投げ〟状態であることが少なくありません。コンセプトもすべて、白紙の状態から組み立てるということがもっぱらです。だからこそ、各提案者の腕の見せどころとなるので、われわれとしても自由な提案ができたのは好都合でした。

私たちは、設置許可と管理許可、指定管理という3つの権利のなかで、自立したパーク運営を行っていくという見通しを明示しました。そのためには、われわれ民間でこれだけ投資をかけるので、行政サイドもこれだけ投資をかけてください、という要望を具体的に示したことも、わかりやすい提案として評価されたようです。

もちろんサプライズの要素もあって良いですが、それは決して奇をてらったものではなく、コンセプトの部分で共感を集めつつ、納得をしてもらいながら驚きのあるものにすべきだと思います。地域の特性を十分に活かしつつ、提案資料をつくっていくことが大事です。

私たちは提案の中で、サンセットビーチパークというコンセプトを前面に押し出し、海浜公園という施設を決して〝箱モノ〟とはとらえませんでした。

その点、他社の提案は、ビーチをどう活用するのか？　という視点がそれほどなかったのかな……とも推察します。

つまり、サンセットというキーワードを大事にし、稲毛＝サンセットという提案をしたのはわれわれだけ。それが、**「地域の魅力の最大化」という視点で評価**されたのだと考えています。

「地元の魅力最大化」のアイデアを100個出す

地元の魅力最大化……それは、人が集まるための魅力の最大化であることを重点にすべきでしょう。それを、アセット軸とイベント軸の二つの軸から考えていくのです。

稲毛海浜公園の場合も、「広く公園利用者に受け入れられるサービス内容となっているか」「にぎわいを創出するイベントの提案があるか」というプロポーザルの審査項目がありました。つまり、人をどれだけ集められるアセット（施設や建物）や、イベントの提案があるかが、重要な評価の対象となるわけです。

そして、アセット軸とイベント軸とをうまく絡ませ、公園の新たな魅力として創出していく。そのためのアイデアを出し、魅力を最大化していくためのサービスでありイベントを提案していくことが大事なのです。

アイデア出しは、まずは**「数打て、当たれ」**です。いきなりピンポイントで秀逸なアイデアがいくつも出てくるなんてあり得ませんから、さまざまな年齢層のスタッフや友人・

知人から、**「どんなものがある公園なら行きたい？」**という答えをとにかく集めていくのです。

その数は多ければ多いほどよいので、**目標はアイデア１００個！**　公園のコンセプトをベースに、アセット軸・イベント軸で考えた魅力づけの要素をそれぞれ１００個出してみましょう。その後、双方をパズルのように組み立てながら、公園の魅力を最大化していくためのコンテンツをつくり込んでいきます。

そうすると、公園の持つ各々の軸から融合がはかられ、より複合的な魅力を生み出していくことにつながります。

気心の知れた４～５人のスタッフでもいいし、友人や知人と囲むフランクな場でもいいでしょう。机に座って難しい顔をして考えていても、きっと楽しいアイデアなんて出てきません。それこそ居酒屋でわいわいやりながら、アイデアを出し合っていけばいい。

そんな雰囲気で話をしていけば、前例になんてとらわれない、楽しいアイデアが自然と湧き出てくるものです。

加えて、「地元の魅力最大化」という視点では、私はさらに二つの軸があると思っています。一つは、「地域にもともとあるもの」という軸。もう一つは、「新たに地域に創っていくもの」という軸です。

いずれも大事な魅力づくりで、眠っているものを掘り起こした魅力と、新しく生み出す魅力。この二つの視点も加えていくと、100個のアイデアはどんどん出てくると思います。

とくに、公園という公共性の高い場所の開発事業においては、「もともとあるもの」や「眠っているもの」をアップデートしていく発想が大事です。

「すでに公園の中にあったけれど、気づかなかった何か」をブラッシュアップしてカタチにしてあげると、地元の人はとても好感を持ちます。自分たちのまちや施設を尊重した上で、それをより良くするという意図が伝わり、賛同や共感の度合いが上がるからです。

今あるものを否定してしまうと必ず反発が起こります。そうした視点も地元の理解を得ていくためには欠かせない要素になるといえます。

一方の「これから地元に創っていく魅力」――それは、従来の規制にとらわれることな

くイメージしていくことで、より提案の幅が広がっていきます。行政サイドの規制内容をキャッチアップし、それを取っ払うような、逆に規制を変えていくのだというダイナミックな提案も、ぜひ目指してほしいと思います。

従来の固定観念にとらわれると、できないと考えてしまう方がどうしても多くなってしまいます。だからアイデア出しの段階では、規制を頭の中から外して考えてみくださ い。もちろん、現実化が不可能な突拍子もない提案では意味がありませんが、とにかく自由なマーケットをまず想像してみてほしいと思います。

そこで生まれた提案が秀逸なものであれば、規制概念を取り払って実現すべく、行政サイドに掛け合っていきましょう。そうしなければ決してイノベーションは起きないことを、行政の担当者はぜひ心に留めておいてほしいと思います。

50年先の公園文化にリンクしていくアセットを提案する

いわゆる箱モノ的な思考にとらわれた提案だと、「公園内に何か新しい建物をつくるだけでも集客につながる」といったイメージを持っている方がいるかもしれません。

でも、そうした場合はまず失敗します。大事なのはあくまでも、**10年後、もしくは20年後にも一定の集客が見込めるものをつくるイメージを持つ**ことです。

世の中には、○○記念館や○○博物館など、せっかくお金をかけて造ったものの、やがてお客さんの足が遠のいてしまっているものが数え切れないほどあります。

最初は話題性などから集客ができても、いずれ来乗者は確実に〝右肩下がり〟の曲線を描くようになります。それはひとえに、リピーターがいないから。「一回行ってみたけど、もう次はいいわ」と思わせてしまうものだと、地域に根付いていくものにはなり得ないのです。

そうならないよう、地域の集客の受け皿となるべきアセットを創る。そのときに大事な視点が、**「50年後の公園がどうあるべきか」**を考えてから、どのようなアセットであればそこに貢献できるかを考えることでしょう。

つまり、公園の中に50年後も残るコンセプトがあり、50年後に向けてアップデートしていくことができるかどうか。そこにリンクしていけるアセットをつくることを考えなければば、プロポーザルでの評価は決して得られないと私は思います。

50年後の未来がどうなっているか、今の時点で見通すのはなかなか難しいかもしれません。であれば、未来を見通すというよりも、**「50年後も残していきたい、地域にある大切なものとは何か?」**という視点ならどうでしょう。きっと地元の人それぞれの想いの中に、有形・無形のものを問わず、かならず何かがあるはずです。

たとえば、本書で何度か事例として紹介しているニューヨークの「ブルックリン・ブリッジ・パーク」は、これからも残していきたいまちのシンボルとして、「アート」を位置づけました。そこで公園一帯のエリアを「アートタウン」として開発していき、そこに観光産業を呼び込み、まち全体での集客につなげていったのです。

実際、パークの創設から約20年が経ちましたが、今も当初のテーマが公園に息づき、毎年たくさんの来場者でにぎわっています。

50年後を考えたときに、どんなまちづくりにしたいのか——その視点からのアプローチを大事にしながら、丁寧にコンセプトづくりをしていく。何のために公園をアップデートするのか？　という問題提起をそのまま公園開発の目的に位置づけ、事業提案の中に落とし込んでいきましょう。

「自然」を活かす空間デザインを重視しよう

今さらながら、「公園」というものの定義を、ここで紹介してみます。

公園とは、「一定の区域を画して、自然景観を美しく快適に保全育成するとともに、公衆の野外レクリエーション利用に供するために設定される公共的な園地で、都市地域を中心に自然地域にわたって国や公共団体が設定管理するものである」（日本大百科全書）との記載があります。

もちろん公園には様々なタイプや形があり、オフィスビル群の中にあるコンクリートで固められたオアシス……といった風情のものだってそれに当たるでしょう。ただ多くの場合、この定義にもあるように、公園と言えば自然環境を大事にするもの、という共通認識があるのは確かなところだと思います。

自然を大事にする、つまりは、**公園にある自然を大切にして残していく、活かしていく**

ということです。

たとえば、それまであった森や林をすべて伐採して、芝生広場に変えましょう……といった空間づくりは、私はあまり好きではありません。それは、おそらく地元の人たちも同じ想いを抱くのではないかと思います。

住民の皆さんは、地元の景色や自然というものにそれぞれ愛着を持っていて、当然思い入れもあります。だから、そのカタチはなるべく変えないほうがいい。もともとある自然を活かしながら、非日常的な空間を創っていく提案にしたほうが良いのです。

SUNSET BEACH PARK INAGEにも、ビーチに広がる雑木林にBEACH HOUSEと呼ばれるいわゆる海の家とテラスをつくりました。

本当なら、もともとあった木々を伐採してウッドデッキを据えるのが効率的だったのですが、従来の自然の景観を変えないことを最優先に、木々には手をつけず、工夫を凝らして海の家のテラスとして活用することにしました。

こうした**「今ある自然」を尊重してそれを残していくという発想は、公園再生という事業の特性上きわめて重要**です。自然の全体像を活かした上で、必要な施設を置いていくという思考であり、それがあるかないかで行政側の受け止め方は大きく違ってきます。

そしてもう一つ、アセット軸の提案について付け加えると――。自然の景観を活かしながら、それぞれの施設を配置していくわけですが、**各施設が連動して一連の楽しさを演出できる提案**にしていくことを重視しましょう。

たとえばSUNSET BEACH PARK INAGEでは、ドッグラン（建設予定）を楽しんでもらったあと、ワンちゃんと一緒にグランピングに泊まることができます。またプールや温浴施設（建設予定）で夕方まで過ごし、夕方からはビーチで開催されるイベントで楽しんでもらう。そしてビーチのイベントが終われば、レストラン（開設予定）で食事を堪能できます。そうやって公園に長く滞在してもらえる流れや連動性をつくることが大切なのです。

つまり、**少しでも長くパークで過ごしてもらうためのストーリーづくりを重視**する。一人ひとりの滞在時間が延びていけば、それだけ経済循環の高まりにつながっていきます。パークの全体像において、連動性とストーリー性を重視したアセット軸を組み立て、独自の提案内容として活かしていきましょう。

事業の期待値を上げれば、「資金調達」がより円滑になる

プロポーザルの審査項目においては、たとえば**今後の「資金調達」も大事な評価要素の一つ**になります。事業に必要な資金が既存の事業活動の中で生み出されているか。またはプロジェクトを円滑に進めていくための資金計画は十分か。こうした要素が重要な判断材料の一つになるわけです。

金融機関からの資金調達については、これまでの章でも何度か触れてきましたが、あらためて具体的な話をしましょう。

企業の資金調達には通常、銀行融資を中心としたデットと、新株発行を伴う資金調達の方法であるエクイティの方法があります。そこで大切なのは、資本政策を明確にし、地元の金融機関との連携を緊密にしていくこと。後手にならず、先を見越して資金調達に先手を打っていかなければ、行政サイドの評価は得られません。

プロポーザルの審査では、基本的な審査対象として経常利益や自己資本金額、営業キャッ

シュフロー、債務返済能力といった財務面に問題がないことが評価の前提になりますから、それを担保するための資金調達の方法は言うまでもなく大事なのです。

われわれもそうでしたが、新興ベンチャーにとって、デットによる資金調達のハードルは高いものがあります。そのため、事業会社からエクイティを引っ張ってくるのも有力な方法の一つです。

ただその場合には、エクイティの出口戦略を考えておくことが必須です。それはつまり、株式上場かバイアウト（事業売却）、または株式を自社で買い戻す……大きくこの3つしかありません。

そしてエクイティは、事業の期待値がなければ実現しません。株主となってくれる事業会社に、公園再生とはレバレッジの効いたビジネスであることを理解してもらうこと。そのためには、広告モデルや協賛の募集など、人が集まることで新たな売上が生まれ、経済圏ができ上がるビジネスモデルであることを明確にする必要があるのです。

たとえば湘南などのブランド力のあるビーチでは、海の家の「場所貸し」によって1カ所数百万円の売上をつくることができるケースもあるそうです。そうしたモデルを随時つくっていくことで、期待値を上げて資金調達を成功させていくわけです。

だからこそ公園への集客は、規模にもよりますが、年間で数十万人以上は欲しいと言えます。そう考えると、公園再生は政令指定都市などの都市部から手掛けるべきでしょう。数十万人の来場者を年間で呼び込めるなら、約20億円の売上計画までは容易に積み上げていくことができます。その結果、エクイティが現実的なものになっていきやすいのです。

もちろん、こうした事業性や収益性がしっかりと担保できていけば、地方銀行などの金融機関の見方も次第に変わっていきます。事業スタート後にデットによる資金調達にも可能になるなど、資本政策にも幅広い選択肢が生まれます。

プロジェクトの推移と今後の見通しについて、定量的で明確な指標を示していくことが、事業者としての「信用性」につながり、行政サイドからの高い評価につながることをぜひ覚えておいてください。

「マーケティングデータ」によるエビデンスが信頼性のカギ

公園の収益性をどう見通していくかは、周辺地域にどのような人口分布があり、商圏としてどれくらいのサイズ感があるのかといったエビデンスが不可欠になります。つまりは**商圏調査という名のマーケティングリサーチ**です。

プロポーザルに臨むにあたって、事業収益性の見通しに説得力を持たせる上で、このマーケティングデータは非常に重要な意味を持ちます。見通しの裏付けとなる要素が、数字という明確な指標で示されていることは、行政の担当者にとってもリアル感が高まるからです。

その公園に足を運ぶ人たちは、どのくらいのエリアに住んでいるのか。その中にファミリー層はどの程度暮らしているのか。またＦ１層（20歳から34歳の女性）はどれくらいいるのか？

エリア内のこうしたデータを集めることで、公園で事業化していくべきコンテンツの姿が見えてきます。何より、そうしたデータを提案書に落とし込むことで、事業計画の信ぴょう性は格段に高まるわけです。

マーケティングデータの収集は、リサーチ会社に依頼するという方法もありますが、商圏データの多くは各自治体のホームページで公開されていますので、まずはそれをチェックしてみると良いでしょう。ただ大事なのは、商圏をリサーチするだけではなく、その**商圏をどうコンテンツに結びつけていくか**ということ。その上で、その裏付けとなるデータをエビデンスとして示していくということです。

たとえば私たちが稲毛海浜公園のプロポーザルで行ったのは、サンプルとなる公園のマーケティングデータを細かく集めたことでした。ちなみにベンチマークにしたのが、千葉県船橋市にある「ふなばしアンデルセン公園」です。

童話作家のアンデルセンが生まれたオーデンセ市と姉妹都市提携を結ぶ船橋市にある、明快なコンセプトのもと運営されている有料の公園で、この公園に関する商圏データを洗い出し、稲毛海浜公園の事業提案につなげるロールモデルとして参考にしていったわけです。

調べてみて驚いたのは、来場者がとても広いエリアから足を運んでいるという実態でした。神奈川方面から東京をジャンプして来ている人や、埼玉の北部からも圏央道を利用して多くの人が訪れていました。

地元の船橋や千葉以外からも大勢の人がやって来ていることは、私たちの提案内容に大きな広がりを持たせてくれるものになりました。

公園再生事業のプロポーザルに臨む際には、おそらく近隣に一定の規模を持つ公園があると思います。そこをベンチマークにして、一度徹底的にリサーチをかけてみてください。どうしても得られないデータは外注するのも手ですが、できるだけ自社で調べることがおすすめです。というのも、自社のスタッフが頭と足で情報やデータを得ていくことで、肝心の園内のコンテンツづくりにつながるアイデアが出てきやすいからです。

データの集積から得られる肌感覚を大事に、ぜひ魅力的なアセット軸&イベント軸のコンテンツづくりにつなげていってほしいと思います。

行政・地元住民へのプレゼンは「30分以内」

プロポーザルの提案審査にあたっては、最終的に事業者によるプレゼンテーションが実施され、事前に提出した提案書に基づいて説明を行っていくのが普通です。

私たちが稲毛海浜公園の事業提案でまとめた提案書は、60数ページにおよぶものでした。もちろんプレゼンの場で60ページをこと細かに説明していく時間はありません。通常、プロポーザルでのプレゼン時間は「30分以内」程度であることが多く、質疑応答の時間が10分程度確保されますから、おおよそ20分程度で事業説明を終わらせるイメージです。

ですから、いかに内容を整理して要点を説明していけるかがカギ。プロジェクトの前提となる「開発コンセプト」に重きを置き、重点的に訴求すべき内容を、メリハリをつけながら説明していきます。

プレゼンテーションの内容は、まさにこの第4章で書いてきた中身がそのまま当てはまることになります。

●「アイデア100個」という魅力出しの要素が、公園のアセットやイベントづくりにふんだんに反映されているか。

●50年後の公園やまちを考えている要素がしっかりと詰まっているか。

●自然を活かす空間が尊重され、施設と施設が連動して楽しめる全体像になっているか。
●資金調達の手段が明確であり、提案コンテンツの裏付けとしてマーケティングデータが明示されているか。
●そして何より、公園が自らの収益で運営し発展するための「経済圏」を生み出すプラットフォームになっているかどうか。

こうした要素が網羅された提案書をつくり、プレゼンの約20分間で端的にわかりやすく伝えることが大事です。

プレゼンテーションの場には、公園等活用事業者選定委員会の方々が審査員として並びます。

彼らが見ているのは、**都市の将来像を描き出すための実行プランであり、自分たちの暮らしがどう良くなるのか、まちの公園がどう変わっていくかという期待感**です。そこを注視しながら、各事業者の提案を吟味検討していきます。

その想いを十二分に汲み取りながら、驚きと感動を与えられる提案内容をぜひ立案してください。それが、公園を主体にした新たなまちづくりの大事な第一歩になっていきます。

第 5 章

STEP 2 パーク・デベロップメント実践編

事業成功のカギは「人をいかに巻き込むか」

「パーク・デベロップメント」を進めていく上で必要なマンパワー

稲毛海浜公園リニューアル事業のプロポーザルで、われわれワールドパーク連合体は2位の大手デベロッパーに圧倒的な差をつけて1位となり、晴れて事業者として選定されました。２０１７年6月のことでした。

ちなみに「ワールドパーク連合体」とは、われわれ株式会社ワールドパークを代表事業者に、ほか4社を構成事業者として組織したコンソーシアムです。当初はワールドパーク単体で臨む予定でしたが、事業規模の大きさや、むこう20年間という事業期間の長さなどから、より強固な事業体として行政にアピールする必要があると考えて組織したものです。

そして同年8月に基本協定を締結し、SUNSET BEACH PARK INAGEのプロジェクトが正式にスタートすることになりました。

プロポーザルで事業者として選定されるのが、「最初で最大のハードル」と書きましたが、言うまでもなく、それをクリアしてからが本当の意味での事業の始まりです。

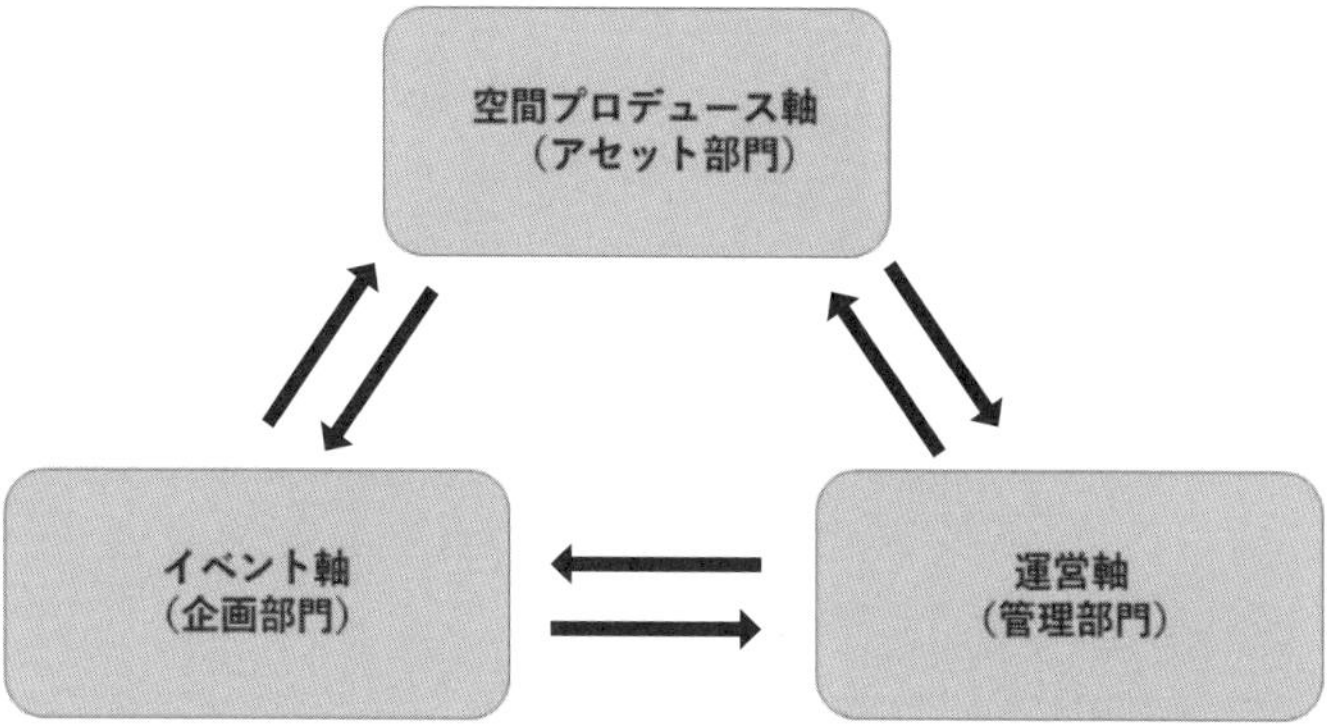

パーク・デベロップメント事業には、「三つの軸」の強力な連動が不可欠

企画提案した内容を遅滞なく進めることはもちろん、プロジェクトの進行とともに、エリアの魅力をより最大化させていくための付加価値を新たに加えていく必要もあります。

いよいよここからが、公園を軸に「経済圏」を創り出し、地域を活性化させていく「パーク・デベロップメント事業」の本番となるわけです。

パーク・デベロップメント事業で進めていくべき要素には、これまで書いてきたように、「イベント軸」と、アセットを含む「空間プロデュース」軸があります。そしてプロジェクトの進行に伴って、新たに「運営軸」という管理部門の要素が含まれていきます。

合わせて重要になってくるのが、それを進めていくためのマンパワーです。

基本的に、それぞれの分野を得意とする人たち＝スタッフを集めていくことが必要で、3つの軸が相互にリンクしながら、公園全体の価値を上げていくというイメージでチームを作っていくことになります。


なかでも**重要な役割を担うのが、イベント軸と空間プロデュース軸の二つ**でしょう。というのも、この二つはいずれも専門的なスキルやノウハウが求められる分野で、優れたエキスパートを見つけるのがなかなか難しいからです。

稲毛海浜公園のプロジェクトの場合は、私自身のキャリアからの人脈がありましたから、二つの分野それぞれに、信頼できるノウハウを持つスタッフをプロデューサーとして選任することができました。

もし身近にそうした人がいなければ、さまざまなネットワークを使って早めに人選に手をつけ、人員体制を確立しておくことが望まれます。

プロジェクトが3倍速！「増殖するチーム」のつくり方

あらためて、イベント軸とは〝コト軸〟であり、「公園に人を集める」という集客の部分を担うものです。どのようなイベントを、どの程度の頻度で実施していくかをプランニングしていくのがイベント軸のスタッフで、そのチームを牽引するのがイベントプロデューサーというわけです。

集客力のあるイベントをいかに開催できるかは、パーク・デベロップメント事業の成功のカギを握るもので、運営軸のスタッフともうまく連動していかなくてはいけません。またイベント開催に必要なリソースを集めていくこともイベント軸のチームの役割となります。

空間プロデュース軸のプロデューサーは、パークのデザインや、アセットである建物などをどう設置していくかを立案していきます。海の家（BEACH HOUSE）やグランピング施設をつくったり、既存の〝箱モノ〟をリノベーションしたりしていくのも大事な仕事。公園の中の動線づくりや全体像を、より魅力的なものに変えていく重要な役割を担います。

こうしたイベントプロデューサーや空間プロデューサーは専門人材ですから、自社の中に雇い入れようとする必要はなく、外注人材としてパートナーシップを組んで協働する形でまったく問題ありません。きちんとしたノウハウを持ったプロフェッショナルを見つけ、パートナーシップをはたらきかけていくほうが現実的だと思います。

そして二つの専門チームを管理・運営していくのが**運営軸のスタッフ**です。つまり平たく言えば、パーク内のイベントや施設を運営していくスタッフのこと。そして**この分野の人材確保において、地元の雇用につなげていく**ことをぜひお考えください。

当社の場合も、地元の若い人材をはじめ、さまざまな人たちを運営スタッフとして雇用しています。今回のプロジェクトのスタート後に募集を行い、手を上げてくれた地元の人たちを中心に運営軸をつくっています。そうした流れによって、地域に確かな雇用が生まれていくことになるわけです。

そしてコト軸であるイベントの数が増えていくのに比例して、運営軸のスタッフの数も随時必要になっていきます。そうやってチームが増殖していくことで、公園の経済圏としての規模も大きくなり、公園のプロジェクト自体もスケール拡大していくことになるのです。

この三つの軸を統括するのが統括プロデューサーであり、SUNSET BEACH PARK INAGEでは、私がその役を担っています。

統括プロデューサーはそれぞれの専門性をある程度有していることも大事ですが、それよりもマネジメント能力やモチベーターとしての素養が重要だと思います。

三つの役割を担うスタッフたちが前向きにプロジェクトに取り組めるか否かは、統括プロデューサーの手腕次第と言っても過言ではない……。そんな意識と自戒を込め、日々の業務にあたっているところです。

地元の「あったらいいな！」をカタチにしていこう

住民説明会での総意を尊重するのは、プロジェクトを進めていく上での大事な要素という話をしましたが、より良い事業にしていくためにも、住民サイドの想いを汲み取る努力をすることは欠かせません。そのためにも、**地元の「あったらいいな！」という想いをカタチにしていくことが大切**です。

それは、何も大それた規模感のあるものをつくる、という発想でなくていいのです。これまで地元で大切にされてきたものに、ちょっとしたアレンジを加えるという感覚です。

前にもお話ししたように、稲毛海浜公園には、もともと地元で親しまれてきた広いビーチがありました。でも、それは黒い玉砂利の海辺だったのです。

「ここに白い砂浜があったらいいな！」――そうした地元の人たちの想いをカタチにする意味で、われわれがホワイトサンドビーチに変えていったのです。

仮にこのビーチをぜんぶなくして、「ヨットハーバーをつくろう」なんて言ったとしたら、おそらく地元の皆さんに大反対されるでしょう。そうではなく、「あったらいいな！」「もっとこうなったらいいな！」という願望を叶えていく。

つまり、壊して新しいものをつくるのではなく、**これまであったもの、皆さんが愛着のあったものを「より良くしていく」という発想が、地元の理解を得ることにつながる**わけです。

私たちは稲毛海浜公園のプロポーザルに入る前に、実際に公園に十数回足を運びました。

そこで、「ここに何があったら楽しいか」「何があれば、次も来ようと思ってもらえるか」

をみんなで話をしながら意見をすり合わせていったのです。

住民の人たちが、「毎日でも行きたい」「毎週末には行きたい」と思ってもらえるにはどうするか。それは、自分で体感してみなければ絶対にわからないし、そこで感じた「あったらいいな！」をカタチにしたいと思いました。

想いを実現するには、魅力的なイベントを用意しなくてはいけませんし、空間プロデュースの新しい要素も必要でしょう。新しい「あったらいいな！」を休む間もなく入れていきながら、生きた公園にしていくことが欠かせません。

公園の中に立つと、その答えは自然と湧き上がってきます。机上の空論ではなく、実際に公園に足を踏み入れてみること。そこで得られた小さな「あったらいいな！」の気づきを積み重ねてプランニングしていくことで、より良い公園へと成長していくのです。

利益は地元に還元してこそ「公園再生」は盛り上がる

地元の人たちに愛される公園づくりを進めるには、**利益を地元に還元していく**ことを考えなくてはなりません。公園に経済圏をつくり、収益性を持たせるのがパーク・デベロップメント事業であると何度も書いてきましたが、それによって生まれる〝利益〟を地域に還元していくことができてこそ、公園再生の価値を地元の皆さんに実感してもらえるのです。

「利益」という言葉の持つ意味は幅広く、たとえば心が癒されるという精神的な価値の向上も利益の一つでしょうし、楽しめる場所が地元に増えた、ということも同様でしょう。

ただ、経済圏というからには、やはり**何らかの経済的利益を地元に生み出すことが必要**です。それを実現できれば、パーク・デベロップメント事業の価値や可能性を、地元の皆さんに本当の意味で理解してもらえると思うからです。

たとえば、公園内での指定管理事業に園地管理というものがあり、木の伐採や保守などを担当する業務がそれに当たります。当社の中には造園チームがあり、園地管理は自社でやろうと思えばできるのですが、その作業も地元の造園会社に依頼するようにしています。

また、ビーチの美化を担当する事業も同じで、地元の業者さんにビーチクリーンの作業をお願いしています。

また、イベント開催時に出店してもらうキッチンカーのビジネスを、地元の飲食関連事業の皆さんに地代をいただきつつ広く提供しています。ただ、今後、キッチンカー事業は、当社で投資をかけて、自ら事業化していくことを予定しています。そのほうが地元に還元できる利益も大きく生まれるからです。

自社で巻き取ったほうが利益を生むものは、そうして再投資をかけていく。優良企業と提携しながら新しい事業を進めていくという二つの軸で公園に経済圏をつくっていくのです。

このように、公園内の何かをビジネスにできるチャンスがあるとき、自分たちだけでやるのではなく、その機会を地元の事業者に広く提供します。そして「**利益を地域に還元していきたい」という考えを、メッセージとしても伝える**のです。

本来自社でできる事業でも、住民をどんどん巻き込んで、住民の利益につながるような形に持っていくことが、地域で長く息づくビジネスにしていくための必須の要素といえます。

そうやって一緒にやっていくことで、公園再生の機運が高まり、事業としての盛り上がりも出てきます。**公園を経済圏にしていく波及効果を出していくためには、１社で事業を独占してはダメ。**地域での巻き込み力を生み出していきながら、１＋１を３以上にしていくことを考えましょう。住民事業者の方に門戸を開放し、一緒に公園再生を進めていくほうが絶対に面白いと私は思います。

ベンチャー企業が急いで大きな売上にしていきたいときには、とかく自社であらゆる事業を抱え込んでしまいがちです。

けれども、私たちが目指しているのは、100年後も続く公園文化であり、20年後、30年後を考えたまちづくりです。そのためには、地域の皆さんや優良企業らと一緒になって公園再生を盛り上げていくことがとても大事なのです。

できるだけ多くの人を巻き込んで、地域に公園による経済圏をつくることが欠かせません。それが産業を生み、雇用を生み、地域を元気にしていきます。その結果、利益を地元に還元できる、「三方良し」のプロジェクトとなるのです。

サスティナブルを実現する公園での取り組みとは

これからの事業に、ＳＤＧｓやサスティナブルという要素は欠かせないものになってきます。私たちも「100年続く、世界に誇れる公園文化をつくる」をテーマに事業に取り組んでいますから、その想いは当然強いものがあります。

事業がスタートしている今も、折にふれてその要素を公園開発に採り入れていく予定で、同時にそれが、地域住民の皆さんとの共創の土台になるとも考えています。

たとえば、当パークのグランピング施設の中には、**「コンポスト」**（１４４ページ写真）というものがあります。

グランピングで過ごすとき、食べ物の残りなどのゴミが出ますが、それをコンポストに入れてもらうことで、２~３日のあいだに自然肥料に変わるというものです。グランピング施設でのディナーは、食事を楽しんでいただいたあと、最後にコンポストに入れていただくまでを「食体験」としてご提供しています。

ですから、単にグランピングを楽しんでもらうだけでなく、自然にふれながら、サスティナブルに沿った環境を用意する。そうしたテーマでコンテンツを充実させていけば、地域住民の共感値はきっと上がると思います。

ほかにもパークの白い砂浜では、当社のスタッフが月に一度、**「ビーチクリーニング活**

コンポスト

ビーチクリーニング活動

石灰化するリストバンド

動」（写真）を行っています。海洋ゴミや海洋プラスチック汚染が今社会問題の一つになっていますから、その改善を目指す中で社会とのタッチポイントをつくり、活動の幅がいっそう広がっていけばいいな……と思っています。

また、プールの入場にはチケット制を廃止し、オンラインの事前決済で**「チケットレス」**にしたり、有料エリアの利用者に配った**「リストバンド」**（写真）は、石灰化する環境に配慮した素材のものを使用したりしました。

これから20年後や30年後、さらには50年後のことを考えたら、環境保全は私たちにとって避けては通れない普遍のテーマです。それを大事にしながら公園再生事業を手掛けていくことで、「自分も参画したい」と共感してくれる地元の人たちは必ずいます。

地域社会をより良いものにしていくという公園再生のテーマと合致する、サスティナブルな取り組みの数々――。公園を訪れた人にその気付きが生まれ、それが誰かに伝わり、新たなＳＤＧｓの体験者が増えていけば、きっと地域を良くすることにもつながるはず。

公園とは、そんな循環を生んでいく場所でもあるのです。

第6章

「公園×IT」を軸にした「地域経済循環システム」とは?

行政ができないことは、民間のＤＸで実現する

２０２１年10月。岸田文雄内閣が、国会の所信表明演説で、成長戦略の柱の一つとして「デジタル田園都市国家構想」を掲げました。

第1章でも少し触れましたが、地方のまちでデジタルの実装を進め、都市部との差を縮めていこうとする地方活性化の施策の一つです。

この政策の方向性は、私たちの公園再生事業にとっても明らかに追い風となるものです。今、「FinTech（フィンテック：金融×ＩＴ）」や「AgriTech（アグリテック：農業×ＩＴ）」、「FoodTech（フードテック：食×ＩＴ）」など、あらゆる業界でデジタルテクノロジーとの融合が進み、新たな価値や仕組みができあがっています。

公園再生事業においてもそれは同様で、デジタルの力で公園の持つ魅力や価値、機能性や収益性を大いに高めることができるのです。それは、**「ParkTech（パークテック：公園×ＩＴ）」による「地域経済循環システム」の確立**です。

もっと言えば、近年さまざまな領域に浸透しつつある**ＤＸを公園再生に活用し、地域の**

人々の生活をより良いものへと変革していくことでもあります。

これまで、日本の公園事業にＤＸの要素はほとんど入ってきていません。なぜなら、管理・運営していたのが自治体であり、そもそも収益性を持たせて経済圏をつくるという発想がないのですから、ＤＸによる変革を考える必要もなかったのです。

いっぽうで、私たちが考える公園再生事業で最も必要なものは何かといえば、**人を呼び込むこと**。つまり人が集まるにぎわいが生まれてこそ、地域経済循環システムの土台ができます。そのために、ＤＸを効果的に融合する変革は、まさに必須の要素と言えるわけです。

公園×ＩＴを軸にした「地域経済循環システム」をつくるために、まず必要なことは、**公園内の「通信インフラ」の整備**です。

たとえば郊外型の公園だと、一度に1万人や2万人が訪れると、スマホの通信環境が不安定になり接続がスムーズにいかなくなることがあります。これだと災害時などの避難拠点になった際に不都合が生じるほか、大規模なフェスやイベントを開催したとき、動画を拡散する人が多い場合など通信がダウンしてしまうリスクがあります。

人を呼び込み、にぎわいをつくる上でベースになるものは体験価値の共有であり、そのための重要なツールがSNSですから、それを支える通信環境の充実は非常に重要な要素です。

せっかく公園に来て楽しもうと思っているのに、通信速度が遅い、つながりにくい状況にイライラするのでは本末転倒。けっしてリピーターは増えません。

だからこそ、まずは通信環境をしっかりと整備していくことが大切です。ちなみに、通信インフラの整備はそれなりのコストがかかるので、大手企業との協働で進めていくことも検討すべきと言えるでしょう。

Webサイトの「裏側」のシステムをつくり込む

ParkTechにおいて、次に行うべきなのが、**「公園のWebサイト」の構築と充実**です。

行政サイドは大抵、Webサイトのデザインや、サイト自体にどんな機能を持たせればいいかというノウハウをほとんど持っていません。そのため、事業者のほうが主体となって制作していきます。

このとき重要なのが、公園の施設ガイドやさまざまなインフォメーションを告知するのはもちろん、「裏側」のシステムをしっかりとつくり込んでいくことです。

具体的な要素としてキーになるのが、**「予約システムによるデータの収集」**と、**「CRMマーケティングによる顧客満足度の向上」**です。

パークのプールやイベントなどの来場申し込みは、Webサイトの予約システムですべて行えるよう組み立てます。それによって入場料はWeb上で決済し、同時にお客様の属性もそこで知ることができるようになります。

CRMは基本的に顧客管理を行うためのデジタルツールですが、顧客の関心や属性に応じてさまざまな施策を打ち出していくことが可能です。予約システムで集めたお客様ごとに異なる情報を一つひとつ管理して分析し、リピートへとつなげていくわけです。

たとえば今回ビーチに来た人が、次はプールにも行きたくなるようなリレーションが可能になります。データの蓄積が進めば進むほど、広告事業にも展開でき、収益に貢献して行政の新しい財源にもなり得ます。

こうしたことは、テーマパークの運営などではごく当たり前に行われているマーケティングの施策ですが、そもそも公園運営を行ってきた行政側に、収益を生み出すための発想がありませんでした。そのためＷｅｂサイトも、単に情報の告知だけを載せるようなものに留まっていて、情報を知らせる掲示板の役割に過ぎなかったのです。

けれどもこれからは、Ｗｅｂサイトを中心にしたデジタルマーケティングの手法を、公園がつくる地域経済循環システムの起爆剤にしていかなくてはいけません。

アセット軸とコト軸の両方の魅力を、洗練されたデザインでつくられたＷｅｂサイトで打ち出しながら、上手にお客様の情報を集積して、リピーターの獲得へとつなげていくわけです。それが、地域経済循環システムを構築していく上での重要なベースになることを、まずは知ってほしいと思います。

公園は最新テックの「イノベーションハブ」

こうした仕組みで得られた来場者のデータは、公園がアップデートしていくために必要なものです。蓄積するにつれてお客様を誘導していくための手がかりが得られ、データベースがたまっていくと、いずれ広告ビジネスにも汎用できるようにもなります。公園に多角的なビジネスが生まれる可能性が広がるのです。

また顧客情報のデータベース化で言えば、園内に設置した防犯カメラの映像から来場者の性別や年代、滞留時間などを把握し、来場者の行動分析を行うことも可能です。

こうしたデータから導き出した顧客ニーズに応えるなかで、飲食や小売業、不動産業やあらゆるエンタメ産業が生まれていく……まさに、小さなまちをつくっているのと同じです。人が集まり、にぎわいができて地域が盛り上がり、民間事業者の収益も、行政サイドの収益機会も生まれていきます。これが、公園を軸にした「地域経済循環システム」と言えるもの。地方創生のプラットフォームとして「公園×ＤＸ」が機能していく形なのです。

それを実現していくための、ParkTechのテクノロジーはまさに日進月歩と言えますが、われわれSUNSET BEACH PARK INAGEで導入している例を紹介してみましょう。

❶チケット購入時の利便性アップ：「予約システム&キャッシュレス決済」

イベントやプールの入場チケットを予約システムで販売しています。お客様の属性をはじめ、さまざまな購買データを蓄積していくことができます。

代金はもちろんキャッシュレス決済で、今後は園内の店舗もすべてキャッシュレス対応に移行していく予定です。

❷公園周辺の渋滞を緩和：「駐車場のＩＴ化」

公園の集客をはかる上で、受け皿として欠かせないのが駐車場です。駐車場利用の利便性を上げるために、決済システムをキャッシュレスに移行。

現金対応の精算機も残しつつ、クレジットカードや交通系ＩＣカードでの清算を可能にし、退場時のタイムロスを大きく軽減しました。

加えて駐車場への入出管理に「車番認証システム」を導入、精算時の時間短縮につなげています。

❸プールの顧客をグランピングに誘導：「CRMによる顧客満足の実現」

1回来たお客様を何回リピートさせるかが、ビジネスの基本です。また、パークにおいてお客様の場内の回遊率を上げることは、滞在時間の延長につながり、多くのビジネスメリットが生まれます。

CRMによって、たとえばプールに来てもらったお客様をグランピングへと誘導する、または他の施設やイベントへのリピーターとなってもらえるよう印象度を深めていきます。こうした施策をCRMやペルソナマーケティングによって行います。

その意味でも公園のあり方で重要なのは、**「一つの軸でやらない」**ということです。たとえば、プールに行く人もいれば、ビーチや桟橋でくつろぐ人、グランピングに泊まりに来る人もいるでしょう。

多彩な軸を連動させて、滞在時間ができるだけ長くなるよう循環させる。いずれの軸でもペルソナをつくった上でDXを活用し、リピートを促す仕組みや、園内を循環させていくための動線をつくります。

そうすると、一つの大きなテーマパークで遊んでいるような感覚になって、滞在時間は必ず伸びていきます。さまざまな軸のなかでビジネスチャンスを広げることができる――それが公園の魅力の一つなのです。

❹パークの価値を上げる未来型神器：「ドローン・防犯カメラ・MaaS」

そのほか、今後SUNSET BEACH PARK INAGEに整備されていくであろう、いくつかの要素にも触れておきましょう。

地域に安心感を与えるのが公園ですから、「セキュリティ対策」は非常に重要です。現在の防犯カメラに加え、今後はドローンを活用して防犯の整備を行うことも可能でしょうし、防犯カメラによる顔認証システムによって、犯罪発生率を下げる効果も期待されます。セキュリティ面がしっかりと担保されることで、お子さんだけでも安心して公園に来られるようになります。

ドローンによる空撮映像で園内の魅力を発信することもできますし、今後の可能性で言えば、ドローンの活用によって、公園が地域の物流拠点になる可能性だってあります。公園には何と言っても広い場所がありますから、ドローンの基地であり物流の拠点にすることで、配送の時間短縮やコスト減が実現、地域活性化を促していく循環システムの一つになるわけです。

また、園内を移動する手段としてＭａａＳ（これまでの交通サービスに、自動運転やＡＩなどのテクノロジーをかけ合わせた次世代の交通サービス）を活用することで利便性は大いに高まり、複数の施設やイベントを楽しんでもらえる時間的余裕が生まれます。公園の広い敷地で有効に遊んでもらえる移動手段として、今後の導入を検討しているところです。

❺バーチャル体験を楽しむ：「メタバース×公園」

多くの公園には、リアルな緑や自然があります。その価値は普遍的なものですが、一方で、メタバースのバーチャル空間に公園を置き、自然とテクノロジーが合体して新たな価値をつくっていくことも考えられます。

メタバース上で稲毛のサンセットをながめ、その素晴らしさに感動してくれる人もきっといるでしょう。

つまり、リアルをどう生かすかという視点でバーチャルやデジタルを考えていけばいい。こうした両軸展開の中でビジネスを進めていくことも今後可能になってくると考えています。

「ミシュラン・パークガイド」も夢じゃない！

パーク・デベロップメント事業はParkTechの融合によって、今後ビジネスとしての価値がいっそう高まっていきます。これまでほとんど手つかずの領域だったため、DXによる変容の度合いは非常にダイナミックであるとも言えるでしょう。

私たちがまずはそのロールモデルとなるべく、SUNSET BEACH PARK INAGEのプロジェクトを進めているわけですが、この先全国で同じような公園が整備されてくると、いろいろな楽しみが広がっていきます。

たとえば、グルメのミシュランガイドのようなテイストで、**Web上で〝公園の格付けプラットフォーム〟をつくる**のも面白いと思います。

つまり、全国の自立型公園の特徴や魅力を紹介していくプラットフォーム。公園それぞれが、その地域の良さをコンセプトにしている「地元自慢」の要素がありますから、各地方の魅力をそのまま伝える展示会のような楽しさがあるかもしれません。

「来週はこの公園に」「来月はこの公園のイベントが面白そう」、そんな楽しみを提供してくれる、たくさんのパークを紹介するプラットフォームをつくります。

というのも私たちは、公園再生という〝産業〟を生み出すことをつねに目標としているからです。

自分たちだけではなく、同じくロールモデルになるような公園がいくつも創られていかなければ、産業にはなり得ません。そして今、実際に当社のやり方を真似て、公園再生の事業参入を検討し、実際にアクションを起こしている大手企業も出てきています。

その意味でも、そうしたパークガイドを載せたＷｅｂメディアを立ち上げ、コンセプトに共感した事業者が「自分たちも何かやりたい」と思ってもらえるとうれしく思います。

繰り返しますが、公園再生を産業化するためには、パーク・デベロップメントを手掛ける元気な企業がそれぞれ競い合い、成長・発展していくことが大事です。

そのモチベーションを促していくために、先に事例をつくって、それをサンプルにして示していく。それが、私たちがこの稲毛海浜公園でやってきたことであり、これからも続くチャレンジなのです。そのためのロールモデル第1号であることを自負しながら、プロジェクトを進めています。

日本中のパークがイベント一色に！
DXが世界の公園をつなぐ

全国にパーク・デベロップメントのうねりが広がり、〝イケてる公園〟が日本中に生まれていったとき——前の章でも少し触れましたが、「全国パークデー」を創って、日本中の公園でイベントを開催する……というのも良いアイデアではないかと思っています。

その日、公園にみんなで集まって、一斉にイベントやお祭りが開催されて盛り上がる。公園産業が活発になるのはもちろん、日本中がハッピーになります。前向きなマインドができあがり、経済がより元気になるという相乗効果もきっと期待できます。

そうした光景が日本全国の公園で見られるのが、私たちが目指したいゴールの一つなのです。

もともと、われわれワールドパークのＩＴシステムは、そうしたビジョンの実現を前提にしてつくり上げています。つまり**全国のパークをつなぎ、一大プラットフォームとして**

のWebメディアを立ち上げることを想定して、準備を進めているのです。

全国の公園のイベント情報が、そのWebメディアを見ればすべてわかる。付随して、YouTubeの「パークチャンネル」などができても面白いでしょう。


いっぽうメタバース上でも同じようにパークデーでお祭り騒ぎになっていて、バーチャル空間でそれが体験できる。そう考えれば、全国パークデーだけじゃなく、「世界パークデー」というつながりだって可能かもしれません。


積極的な情報発信のなかで、全国の公園とそこに来ている人たちがDXによってつながっていく。そうしたコンテンツをベースにダイナミックに産業化をはかっていくと、それ自体が一つの大きなメディアになり得ると思いませんか？

まさに公園という、すさまじいパワーを持つ新しいメディアができあがります。

そこには、公園というリアルな空間での接点があり、SNSでつながり拡散していくダイナミズムもあります。

そしてメタバースというバーチャルな空間もある。いわば「トリプル・エクスペリエンス（体験）」のリレーションの中で、メディアとして機能していくことができるわけです。

そうしたリアルとSNS、バーチャルでの〝メディア〟だからこそ、地元の企業がタイアップをはかり、イベントの協賛金や広告費が入ってきます。もちろん、公園がベースですから地域の自治体にもお金が落ちていくでしょう。

それらを再投資し、いっそう公園の魅力付けをはかっていく。そして来年の「全国パークデー」に向けて、それぞれの公園が競い合いながら、「さらにアップデートしていきましょう！」と気勢を上げます。こうした仕組みが地域循環型のシステムであり、ParkTechという未来型のビジネスモデルなのです。

私が公園自体にその可能性を感じるのは、それが公共の土地であるという点がとても大きいです。これがどこかの大企業の土地だと、その色にはけっしてなりません。地域の特色を思い切り打ち出せるのは、公園という場所ならではなのです。

そこを突き詰めて公園をデベロップメントしていくと、まさに全国それぞれの地方の特色が前面に出た、地域の文化を創造していく公園のラインナップができていきます。

ちょうどＩＴ産業が世の中に現れて、約30年が経ちました。それと同時に若い起業家がインターネットとＩＴを武器にどんどん事業を起こし、たくさんのイノベーションを実現させてきました。

それと同じように、今度はパーク・デベロップメントのビジネスを同じような立ち位置にしたいし、必ずそうなれると信じています。

ＤＸを活用して収益化を進めた公園に産業が生まれ、人が集まる場所になり、経済圏ができ上がり、新しい文化が生まれていく。ベンチャー精神を持った若いイノベーターたちに、その役割をぜひ担っていってほしいと期待しています。

第7章

世界中の公園を「人々が集うテーマパーク」にしたい！

地元文化をおざなりにする、悪しき「商業化」や「箱モノ行政」

今地方では、百貨店の経営破綻や閉店、廃業が相次いでいます。コロナ禍による消費活動の低迷が決定打にはなりましたが、それ以前にも地方の百貨店の業績は軒並み頭打ちを余儀なくされていました。

地方経済を牽引する存在だった老舗百貨店が苦境にあえぐニュースを聞くたびに、こうした商業施設がまちに果たしていく役割は、すでにある程度終わってしまったのかな……とも感じ、寂しい想いにとらわれてしまいます。

時代の移り変わりと言えばそれまでですが、やはりこうした商業施設は、地元の文化を創造していく役割は担えなかったのかな……という気がするのもまた確かなのです。

商業施設にばかり頼っていると、本来大切にして残していかなくてはいけない地元の文化というものがおざなりになってしまいます。各地でチェーン展開する商業施設には、地元ならではの愛着というものが伴わないからです。

また、地域の文化とは何の脈略もなく建てられた「箱モノ」も、地元に文化をつくるものにはなっていきません。もちろん、地元の文化を標榜したような、そこに建つことに意味がある、地域の文化を具現化したような施設であれば別ですが、単なる遊戯施設であって、地元ならではの体験価値のないものは、単なる箱モノ行政の遺物です。

商業施設や箱モノに頼ったまちづくりでは、この先20年、30年と続く地域の活性化は実現するべくもないのです。

では、長く飽きさせない、地元に文化が根付いていく施設や空間とは何なのか。**地域の誰もが共感し得る、そこに息づく文化を標榜するシンボルになり、新鮮な体験価値の創造を加味していけるもの**が、それに当たります。

つまりは、文化的なシンボルとなるランドマークであることに加え、つねに新しいイベントを矢継ぎ早に打っていくことが必要で、新鮮な体験価値を提供し、飽きさせないことです。

サンセットが見える桟橋や、白い砂浜が映えるビーチがあっても、単にそこにあるだけでは、人を集めるのは限界があります。

来た人にSNSで拡散してもらえるようなイベントをどんどん企画していく。イベントとアセットを融合し、地元に根付く文化と体験価値とをリンクさせ、来た人に共感と感動を与えなければ、長く続くものにはなり得ないことをぜひ頭に入れておいてください。

ちなみに私たちは稲毛海浜公園に桟橋をつくったあと、随時イベントを打っていくことを行政側と約束し、さまざまな趣向を凝らしながらビーチのにぎわいを演出しています。

そこでどんなイベントを開催していくか。コンテンツを考えるのはプロのパークプロデューサーであるわけですが、大事なのは行政担当者との交渉力であることを付け加えておきます。条例や規制の中で実施可能なイベントを行いつつ、一つひとつのハードルを越え、文脈の範囲内でなんとか実現させるような交渉力が必要です。

まちづくりの視点から見れば、地域の活性化には、安易な商業施設の誘致や箱モノ行政に頼らないこと。そして、地元に文化を根付かせていける場所で、訪れた人の体験価値を向上させていけるイベントを随時打ち出していく――。そうした視点をおろそかにしないことが、公園再生による地域活性化を本物にしていく土台になるのです。

「ペット禁止」が、公園の価値を下げる

近年は公園に対してさまざまな規制強化が進み、ボール遊びや自転車の乗り入れ、歌や楽器の演奏などを禁止しているところも多くあります。その中の一つとして、ペットの散歩が禁止されている公園も少なくないようです。

公園は多くの人が利用する公共の場ですから、こうした規制はやむを得ない事情があるとは思いますが、訪れた人が思い思いの楽しさを感じられる場所であるはずの公園が、それを満たせない場所になってしまっているのもまた確かなようです。

じつはSUNSET BEACH PARK INAGEでは２０２０年に、ワンちゃんと飼い主の「マイペットうちの子ＨＡＰＰＹマラソン２０１９」というドッグマラソンイベントを行いました。

最初は行政サイドから、「犬が集まり過ぎると糞の問題が出る」という意見が出された

のです。でも実際に開催してみると、参加してくれた飼い主さんは皆さんマナーが良く、懸念されたような問題はまったくと言っていいほど起こりませんでした。

そして、当初「500人限定」で募集したイベントだったのですが、応募者がなんと8000人という驚くほどの数が集まったのです。

企画した私たちも、この応募数には本当に驚くと同時に、愛犬家の皆さんが自分のワンちゃんと遊ぶ機会や場所を求めている現状に、新たな気づきを得ました。

このことが、SUNSET BEACH PARK INAGEにドッグランをつくろうと計画するきっかけになったのですが、最初に書いたように、今の公園はペットを禁止にしているところが多いのです。

確かに公園を利用するすべての人がペットを好きなわけではないでしょうし、公園のすべての空間でペット自由にしてしまうのは、公共の場所なので難しいでしょう。

そこで私たちは、ドッグランを用意して、犬のリードを外して自由にワンちゃんと遊ぶことができるスペースを確保することを計画しています。

ちなみに稲毛海浜公園は、犬の散歩などでペットを連れて公園内に入るのはＯＫなのですが、さらにもっと濃密にワンちゃんと飼い主が触れ合える場所を用意することは大きな期待を得ています。

ペット禁止という規制は、地域での人の交流や楽しみを奪ってしまうことにもなり、公園の価値を下げることにもつながってしまいます。というのも、ペットを接点に、飼い主の人たちは活発にコミュニケーションを取り合っていくからです。

自分のワンちゃんを他の人に紹介したいという気持ちが人との交流を生み、地域に人と人のつながりを生んでいきます。ペットを起点にして会話が生まれたり、心の絆ができて孤独を癒したり、ときには無縁社会の防止にもつながるでしょう。

こうした状況を実現できることで、公園の価値が上がっていきます。ですから、それを妨げるような規制はぜひ取っ払ってほしい。ペット禁止の規制をなくす努力を惜しまないことは、公園再生を成功に導くための確かなポイントの一つです。

「若者がしたい仕事」がありますか？

まちづくりを担っていく住民の代表は、市議会議員や県議会議員といった議員の皆さん方ですが、年齢で言えば40代や50代、60代といった世代が中心になっているのが実際のところでしょう。

若者が地元のまちづくりに参画できる場というのはなかなかないのが実情だけに、そのきっかけづくりに公園再生をしたいし、若者が地域創生に貢献することで、地元への想いを育んでいくものになればいいと考えています。その意味でも、**若い人たちに日が当たるというのも、地方創生を成功させる秘訣**だと思います。

当社では、若手の人材の育成を進めるためにも、SUNSET BEACH PARK INAGE開発の幹部候補生に20代を積極的に登用しています。実際に26～27歳の新卒4年目くらいの若手を経営企画部門に配置し、経営陣に近いところでマネジメントや経営的視点を学んでもらっています。

年齢や学歴に関係なく評価・昇進できること、仕事をする上で年齢による人事制度やそれが影響するような企業文化をつくらないことを当社のモットーにしつつ、若いスタッフが今の公園事業で存分に活躍してくれているのです。

公園管理は、日本では若い人材がやりたいような仕事のイメージがないですが、若い人材がやりがいを感じ、まちづくりの一端を担える。そんな仕事やポジションがつくれたらいいなと思いました。

若い人が仕事をしたい環境があるか？　またはそんな仕事や事業、ビジネスはあるのか？

さらに言えば、**若者のモチベーションが上がるような仕事かどうか？**

それって私は、ファッション性も大事なのかな、と思います。やる気が湧く、かっこいい仕事。こうした要素は、これから若者が担っていく地方創生の事業においてとても大事です。そんな仕事をつくっていって、地方を元気にしていきたいと考えています。

若い人たちは、自分たちのまちや地域を良くしていきたいという熱い想いを持っています。なぜなら、自分たちがこれから何十年も暮らしていくまちかもしれないのですから。

だからこそ、自らの力を生かして地域に貢献できる、まちを良くしていくための居場所があることを若い人に知ってほしい。そんな意識づけを地域で行っていくことも、この事業の成功ポイントの一つだと感じています。

都市計画からもれてしまった公園を再生する

公園が自らを自立的に運営していく文化は、欧米が先行してアジア圏は立ち遅れているとされてきました。アジアの場合、まちに公園をつくるという思考が薄いなかで急激に経済のほうが発展してしまい、公園を含めた都市計画がおざなりになってしまったことが大きいと思います。

たとえばその結果、渋滞問題がアジアの国のあちこちで生まれています。世界の渋滞都市ランキング(トムトム・トラフィック・インデックス:2020年発表より)のワースト10位のうち6つをアジアの都市が占めているのを見ても、都市計画のまずさが表れた結果と思われます。加えて、まちの中心に公園をつくるという文化は、アジアではなかなか生まれなかった。
それは、得てしてわが国にも当てはまること。**都市計画で重点にならなかった公園を、今一度再生して、公園を中心にした活力あるまちを取り戻したい。**それが、私たちが進めている地方創生事業なのです。

公園の再生を通じて社会問題にも向き合い、広い土地を活かして防災の拠点になることや、事業収益を活かしてつくる子ども食堂や一人親支援など、より地域社会の基盤となっていく。だからこそ行政サイドには、公園再生がビジネスとして成り立つ仕組みづくりを一緒に考えてほしいと思います。

本来はこうした地域の問題解決こそ、行政がやらなくてはいけないはず。その地域の経済循環が不十分であるから、たとえば地方交付税に頼らざるを得なくなっているわけです。官民一体で動かす経済圏が地域に生まれていけば、地方を変えていく突破口になると強く思います。

あらためて考えると、私が生まれ育った東京・港区は、森ビルや三井不動産などの大手デベロッパーがまちづくりを進め、企業がどんどん入って税収入が増えていきました。その結果、子育てや教育へのサポートは手厚いものがあります。

そうやって子どもたちの未来をつくっていくには、たとえば地方でも、住む人たちが自立して経済をつくり、回していかなければなりません。

自治体は地方交付税に頼るのではなく、企業は助成金頼みにならず、自律型経済を地方でつくっていく。さらに小さな枠組みである公園も、それはまったく同じです。

われわれワールドパークが、この稲毛海浜公園内を管理・運営していく契約期間は2017年から20年間です。長いようで、じつはそれほど時間がありません。

今10歳の子が30歳になるまで、何もしなければあっという間に20年なんて経ってしまいます。誰かが何かをしなければ、このまままちは変わらずに、時間ばかりが経ってしまう。

そんなことにならないよう、自分たちの子どもが大人になる前に変えていくなら、悠長になどしていられません。今こそ、公園再生で日本を元気にしていく元年に――。

これからの日本は、観光立国ではなく「公園立国」に

長い景気の低迷や少子高齢化によって内需の拡大が頭打ちになったわが国では、国内消費の拡大にインバウンドの力を借りようと、さまざまな施策を講じてきました。

観光業を「日本が力強い経済を取り戻すための重要な成長分野」と位置づけ、アジアや世界に向けて日本の文化をＰＲするプロモーション活動を展開。観光立国としての地位を確立すべく、インバウンド客の受け入れ整備などに力を注いできたのです。

その結果、２００６年の「観光立国推進基本法」の成立時点は年間７３３万人だったインバウンド客が、２０１９年には３１８８万人に増加。じつに4倍以上の数という大きな成果をもたらしました（観光庁ホームページ／統計情報・白書より）。

こうした「インバウンド景気」に沸いた地方のまちが数多くあった中で、そこに冷や水どころか氷水を浴びせたのが、コロナ禍です。インバウンド客がほぼゼロという、予想もしない状況となり、それまでの熱気は一気に冷めてしまいました。

今回のコロナ禍での経験は、私たち地方創生を目指して事業を行う者に、大事な教訓を授けてくれたように思います。もちろん、これほどのマイナスの事象は頻繁に生じるものではありませんが、まったく予期せぬ外的要因に売上が左右されてしまう危うさに、あらためて事業の方向性を考え直された経営者の方は多いのではないかと思うのです。

つまりは、**外需ではなく内需、遠方からの来客よりも、まずは足元地域の人流による消費を促していくビジネスモデル。**それを実現できる事業が必要と感じた方は、きっと少なくないでしょう。

たとえインバウンド客が来なくても、経済がしっかりと回っていく仕組みは、全国どこでも創ることができます。そのベースの一つになり得るのが「公園」であり、そのための実証事業を、私たちはこのSUNSET BEACH PARK INAGEで行っていると言えます。

もちろん、観光事業も大事です。実際、これまでの地方創生を支えてきたのは、主に観光関連事業でした。

その多くは、史跡や遺跡といった古くから残る文化遺産を大事にしつつ、観光という切り口で見せながら集客を図るという手法。もちろん大事な要素です。

ただその一方で、これからは**新しいものや価値観を自ら創り、人や地域を引っ張っていく思考が大事**になっていくことを強く訴えたいのです。

未来に向けて自分たちのまちに生み出していく、新しい文化や事業。とくに若い人たちがそれを担い、人任せでなく、自力で立ち上がっていくという考え方。その中心になるのが公園再生だと考えます。

これまで公園は第三セクターなどが運営して、主に税金で管理・運営をまかなってきましたが、そうではなく、もっと自分たちで公園を良くしていくことができるはず。その結果、まちに新たな産業ができていくことをあらためて伝えたいと思います。

戦後の経済復興の中で日本は活力を取り戻していきましたが、あくまでも国による牽引であり、東京を中心とした経済復興でした。そのため、地域に経済圏をつくり、地方から国を元気にしていこうという発想がなかなか生まれませんでした。

戦後80年が経とうとする中で、今度は地方にいるわれわれ自身が、新たな経済復興への道筋をつくりたいと考えています。つまりは**観光立国よりも、「公園立国」を目指していく――**。

まちのコンセプトやローカライズを大事にしながら、公園再生を軸に自分たちの力で地域経済を育てることが、日本を元気にしていく起爆剤になり得ると信じています。

地域を変える公園再生が、新たなスタートアップを創り出す

今こそパークビジネスが国の産業を救えるよう、立ち上がらなくてはいけません。自分たちが地方において、どんな産業をつくっていけるか。それは短期的な利益ではなく、長期的に利益をもたらすものであることが重要です。

たとえば、地域創生事業と聞いて何が思い浮かびますか?

一つは先述した観光産業でしょう。地域の文化遺産や施設を接点に集客をはかり、地元の特産や自慢の一品を前面に出して売っていく。ほかにも、農業や漁業の一次産業なども地方創生を担う大切な事業として挙げられます。

けれどもそれだけで今の若者たちが魅力に感じ、自身が経済的な成功者になっていく姿をイメージできるでしょうか。もちろんそうした産業は地域を支えていく大事な事業の一つに違いありませんが、若者が地方で夢を持つには、それだけではきっと不十分です。

これからの若い人が高いモチベーションを持てるようなビジネスチャンスを、地方に創り出したい。ベンチャー気質にあふれたスタートアップ企業が、どんどん地方に生まれていく土壌をつくらなければいけないと思うのです。

今、政府はスタートアップ企業の支援にようやく本腰を入れ始めています。

岸田政権は2022年を「スタートアップ創出元年」と位置づけ、同年6月に「新しい資本主義のグランドデザイン及び実行計画」を策定。8月に新たにスタートアップ担当相を新設して、その本気度を示しました。加えて11月には「スタートアップ育成5カ年計画」を発表しています。

その中で、今や**スタートアップにおいて主な事業軸となるのは、言うまでもなくITテクノロジーを駆使したビジネスモデル**です。今の若い人たちは必然的に高いITリテラシーがありますから、その知識と技術を活かし、既存の公園をアップデートしていく新しい事業モデルを担ってほしいのです。

公園には、これまで本書で説明してきたように、その「場所」にさまざまなビジネスや事業が入っていけるダイナミズムがあります。ＢｔｏＢでありＢｔｏＣ、そして第一次、二次、三次すべての産業を公園に載せて展開していくことができる土台があります。それが、公園という未開拓の場所なのです。

今や産業の軸は第七次や第八次にまで広がりつつありますが、公園再生をベースに、さまざまな事業がリンクしていく新たな経済圏を創ることができれば、それが次の産業軸になることだって可能だと思っています。

公園という、いわば手つかずの白いキャンバスにどんな絵を描くのか。そのデザインの自由度は高く可能性が広がっています。

自分たちのアイデンティティを強く持ちながら、自由にビジネスを展開していく。公園をより良くしていくアイデアや戦略を生み出し、それを実践できるかどうかは参画する人たちのセンスや感性次第です。若者の感覚を生かしたスタートアップが公園事業を軸に生まれていく。こんなにワクワクする場所は、きっと他にはないと思います。

そんな公園が地方に増えていくことで、これからの時代を担う、若者の憧れのビジネスになると私は思います。

ベンチャー企業の参入で、新たな業界づくりが加速する

これからの公園再生事業には、さまざまな業界から新規参入が進んでいくと思っています。私たちも新規の事業参入は大歓迎。目指しているのは公園再生ビジネスが一つの産業になることですから、業界を構成する企業がどんどん増えていくのは歓迎すべき状況なのです。

そのためには、それぞれの地域で公園再生を進め、人が集まる仕組みを変えていく必要があり、地場の大手企業や金融機関が積極的に絡んでいくことも大切な要素でしょう。

そして、公園を再生していくパーク・デベロップメント事業を新たな産業にしていくために欠かせないのが、**世の中のスタートアップであり、ベンチャー企業**なのです。

われわれワールドパークのようなベンチャー企業がどんどん立ち上がり、それまでの公園に自分たちならではの絵を描き、地元経済を支える存在になってほしい。パーク産業の業界にどんどん参入してきてほしいのです。

そうした若手のベンチャー企業が立ち上がり、パーク・デベロップメントが魅力あるビジネスであることをどんどん広めていってほしいと思います。

20代や30代のベンチャー企業の経営者が、「この公園再生ビジネスって面白くて儲かるぞ」――そう感じてもらえるような業界をつくりたい。そして、入ってきたベンチャー企業を行政や金融機関が支え、彼らがリアルな夢を追えるようサポートしてほしい。それが官民一体で地域を良くするモデルになり、まちを変えていくことにつながると確信しています。

投資を入れて事業を興して雇用を生み、利益を再投資していっそうビジネスとして昇華させる。こうした循環モデルを、地域一体となって創っていきたいと考えています。

20年後の世界は「日本式のパークメソッド」であふれている!

1970年代生まれの私も、子どもの頃にはアメリカ的な文化に影響を受けながら育ってきた世代です。そして、公園文化は欧米が先行しているとこれまで紹介してきました。

けれども、欧米を真似るだけではなく、自分たちのオリジナリティを大事にしていくことがそれぞれの地域の公園再生につながるのです。ですので、当然そこには欧米式ではなく、**「日本式のパークメソッド」**というものがあるはずです。

もしも20年後、日本中の公園がアップデートされているとしましょう。本書でも紹介したアメリカのブルックリン・ブリッジ・パークやセントラルパークなどと同じように、日本のたくさんの公園が、「あそこの公園っていいよね」「行ってみたいね」と言われるようになる。同時に、公園後進国と言われているアジアの人たちが、日本式パークメソッドを参考にしてもらえることが、私たちの目標の一つでもあります。

そのメソッドについては本書で紹介してきた通りですが、具体的な実践方法については、国それぞれの商慣習もありますからさまざまでしょう。ですから方法論というよりも、私は「考え方」ということでお話ししたいのです。

20年後の未来、「20年前はどうだったのだろう？　昔はたくさんの規制があって、自由な公園にしていくのは本当に大変だったんだ」、そんなふうに振り返られる社会になればいい。

そして「この会社があったから、公園のいろんな規制が取り払われて、自由な楽しさがあって、みんながビジネスに参加できるような場所になった」、そんな存在になれるよう私たちは新しいビジネスモデルを創りたいと思っています。

地方を変えていくためのうねりが社会にできていけばいい。そのためのメソッドが、本書で紹介しているパーク・デベロップメントなのです。

私たちが提案した「サンセット」のように、20年後、30年後も地域に残っていく地域の個性や文化が、公園再生のための大事なコンテンツになります。その国や地域それぞれで考えてみれば、まちに息づくDNAがきっとあるはずです。

そうして生まれるコンテンツが文化創造の起点になり、さらに言えば、そこに暮らす人たちが一体となって、ふさわしいコンテンツを考えていく盛り上がりを生み出せればいい。公園再生がその道筋をつくっていければ素敵だと思いませんか。

つまり、**地域の魅力を引き出して公園再生のコンセプトに据え、それを立脚点にして「さまざまなにぎわい＝自由な市場」を創り出すことで、人が集まるという考え方。**それが、日本発のパークメソッドだと思います。

その場所に息づく、地域に根ざした文化をつくっていくことで、独自性が生まれていきます。独自性が欠落する環境からは活力は生まれません。

独自のアイデンティティを持ったまちの個性が、公園に体現されている……。そんな「日本発のパークメソッド」が世界中にあふれていけば、こんなに楽しいことはないと思うのです。

地元を元気にしていくために、ビジネスマン人生を賭けたい！

今東京で働いているビジネスマンやクリエイターで、地元にもっと貢献したい……と考える人は増えているように感じます。

たとえば総務省の発表によると、2020年度のふるさと納税の受入額は、前年度比約1・4倍の約6725億円に増加したそうです。こうした点からも、何らかの形で自分の故郷の役に立ちたい……と考える人もかなりいるのではと思います。

実際、ITによるリモート環境の整備によって、テレワークが当たり前の時代になり、就労の拠点を地元や故郷に移して仕事をする人は今や少なくありません。そうやって、自分の働きたい場所で、自分のやりたいことをやる。それを実現しやすい環境になってきたことは確かだと言えるでしょう。

自分のやりたい仕事をする、同時に人が喜ぶことを仕事にする。そうすると、いわゆる「やらされ仕事」にはなりませんし、自立して仕事をしていくマインドチェンジにもなり得ます。そして、自分たちの子どもたちにも胸を張れる仕事になるとも思います。

私は公園再生ビジネスで、そんな素敵な仕事ができる人をたくさん生み出したいと思っています。たくさんの魅力に満ちたパーク・デベロップメントを手掛けるプロデューサーは、地域貢献、社会貢献の要素が凝縮されたESG産業に携わる時代の先駆者です。

現在、イベントプロデューサーや音楽プロデューサー、映画プロデューサーなどいろんなプロデューサーがいますが、じきに「パークプロデューサー」も一つのスペシャリストの柱として出来上がっていくと思います。

公園再生を担うのは、パークプロデューサー以外にも、これまで説明してきたように、イベント軸とアセット軸、さらには運営軸のディレクターやプレーヤーなどさまざまな人が必要です。

その仕事は、地元や地域を愛している人にはきっと共感を持ってもらえると思いますし、なんらかの形で参画してくれる人はきっと多いに違いありません。仮に本業でなくても、副業のような形で公園ビジネスに携わっていくのも私はＯＫだと思っています。

地元が変わっていく姿を見たい。地元の人たちが笑顔になっていくのがこの上なく楽しく、やりがいがある。この公園再生ビジネスを、必ずやそんな仕事にしていくつもりです。

誰にでも挑戦可能なブルーオーシャンのビジネスに

あらためて公園の良さとは、世代を超えて同じ空間でさまざまな楽しみが得られる場所であることです。私たちも、SUNSET BEACH PARK INAGEで公園再生事業を進める中で、きっと地域の人たちの日常や余暇の過ごし方を変えていくことができるのではないか……と思っています。

今までは、余暇の選択肢って世代ごとにさまざまだったと思いますが、家族や友だち、夫婦やカップルなどの大事な人たちと一緒に過ごす場所として、世代を問わず、どんどん公園に足を運んでほしい。あそこに行くとリラックスできるという、人として大事なオフの過ごし方。どの世代にもそれが叶う場所として、公園が役割を果たしたいと思うのです。

今日本でも働き方改革が唱えられ、余暇を楽しむ素地ができてきました。だからこそ、公園再生のチャンスです。時間はできた、でも何をすればいいの？　そんな人たちが足を運べる魅力的な場所をみんなで創りませんか。

みんなが楽しんでお金を使いたくなる受け皿として、公園を地域の中に位置づけたいのです。世界中にディズニーランドをつくるのは難しいですが、**地域に公園やテーマパークを創ることは、官民連携によって地元で力を合わせれば、きっとできる**はずです。

いわゆる公園文化が進んだ国は先進国が多く、文化レベルの高いとも言えます。そこでは余暇を楽しむことを大事にしますから、そのための場所が必要です。そうやって公園はまちに不可欠のものになり、整備も進んできたのです。

だから公園は、その国や、まちに暮らす人たちの生活習慣や地域性に密接に直結しているものであり、それゆえ地域のライフスタイルをつくっていく産業でもあるわけです。同時に、新しい文化や生活習慣の創造につながることだってあります。

だからこそ面白いし、人にいろんな影響を与えることができる。そして時代が変われば、それに合ったイノベーションが進み、公園自体の魅力も変えていけます。そこに備わる産業や事業も、時代ごとに刷新されていく、そんな面白さや可能性を秘めているのです。

「日本の公園って素敵なところが多いね」

そんなふうに世界中から言われる国になってほしいし、それを創りたい。「日本には、なんであんなにイケてる公園ばっかりあるの？」「今度日本に公園ツアーをしに行こうよ」なんて世の中が来ると本当にうれしく思います。

地域に人が集まる受け皿をつくり、日本はもちろん、アジアで注目されていく新しい産業をこれから生み出していきます。それは、誰にでも挑戦可能なブルーオーシャンのビジネスでもあるのです。

「パーク・デベロップメント事業」は、地域住民と行政、企業や団体が一体となり、そのまちに新たな産業をおこす、「地方創生の本丸」になるものです。

幅広い人の参画で実現する「公園再生＝パーク・デベロップメント」が、日本や世界を元気にしていく新たなエンジンになる。その第一歩を、本書を読んでくれた多くの人たちと一緒に踏み出し、歩んでいきたいと思います。

おわりに

最後までお読みいただき、ありがとうございました。

私は東京都内でずっとベンチャー企業を経営し、いくつか事業の失敗も経験してきました。印象に残る大きなビジネスもたくさんありましたが、さまざまな仕事を経験していくなかで、ある本質的な想いにとらわれるようになりました。

それは、「人が笑顔になる仕事をしたい、10年後、20年後にも、それが形になって残る仕事がしたい」ということでした。

20年後にも残る仕事って、場所やモノ、継続するコトなどいろいろあるとは思いますが、その中で芽生えたのは、「地域に根付く文化を創り、それが未来永劫に残る場所を創りたい」という想いだったのです。

われわれワールドパークの理念に、「時間と場所を飛び越えて、人が集まる場所を創造する」というものがありますが、人が集まる場所には、あらゆるシナジーと化学反応が起きることで文化が生まれます。その独自の文化を創造する場所として、「公園」以上の場所はありません。

単純にホテルやコンベンションセンターをつくって人を集める……ではなく、地域に根付く文化を創り、それを各世代で継続していくことができる場所。時代に合わせたイノベーションを加えながら、独自の絵を描いていける場所として、公園はあらゆる可能性を秘めた場所だと言えるのです。

地域経済を変えて、地域の人に喜んでもらい、未来永劫に続いていく普遍の文化をそこに根付かせる。だからこそ、公園再生事業には価値があり、大変やりがいがあって楽しい仕事です。自分の孫やひ孫、さらにその先まで息づくような文化の土台を、自分のまちに創っていくわけですから。

私たちは今、この公園再生事業で企業価値向上を目指しているなかで、SUNSET BEACH PARK INAGEの事業を懸命に頑張っていますが、以前やっていたビジネスとは、高揚感がまったく違っています。

私自身も幾度となく公園に足を運びますが、行ってみて、めちゃくちゃいいなと思うのです。海と緑に囲まれて仕事をしながら、遊びに来てくれた友人や家族を笑顔にしていける仕事って、心の底から楽しいって思えます。

そこでは、白い砂浜やウッドデッキからサンセットを見る高校生や大学生のような若い人たちの姿も多く見られるようになりました。彼らや彼女たちが、自分たちの時間の過ごし方を公園に求めるようになってくれたことは、とてもうれしく思います。


そこに暮らす人たちが、そうやって自分のまちの良さを今一度思い返し、地域への愛着が出てくれれば、必ずや次の世代へとつながっていきます。

子どもを産んで、孫ができ、想いはその次の世代に受け継がれていく。それが、地域が良くなっていく継続性であり、まちに文化が根付いていくことの一番の財産なのです。

そんなまちに変わっていく変化を、このSUNSET BEACH PARK INAGEの公園再生によって実感しているところです。これからも多くの方々の手を借りながら、大切なこの事業に誠心誠意、邁進したいと考えています。

石山高広

◆著者略歴

石山 高広（いしやま たかひろ）

株式会社ワールドパークCEO。

東京ガールズコレクションの創業メンバーとしてプロデューサー歴任。その他にも化粧品事業などを立ち上げる。

2016年に独立。遊休地・活用されていない公的資産を生かす不動産開発、商業施設のプロデュースやブランディング事業を行う株式会社ワールドパークを立ち上げる。

2017年より「ワールドパーク連合体」を組織し、稲毛海浜公園再整備における千葉市との共同事業「SUNSET BEACH PARK INAGE」プロジェクトを開始（https://sunsetbeachpark.jp/）。

以下の設備を整備し、多数のメディア取材を受ける。ホワイトビーチ（白い砂浜）／絶景サンセットが見られる「海へ延びるウッドデッキ」／グランピング／大人も楽しめる「リゾートプール」。

2021年4月に、「SUNSET BEACH PARK INAGE」の第一弾プロジェクト、「small planet CAMP & GRILL」をオープン。現在、官民一体の地方創生プロジェクトとして日本全国の「パーク・デベロップメント事業」を企画中。

「未来の公園」をつくる男

2023年4月18日　初版第1刷発行

著　者	石山 高広
発行者	池田 雅行
発行所	株式会社 ごま書房新社 〒167-0051 東京都杉並区荻窪4-32-3 AKオギクボビル201 TEL 03-6910-0481（代） FAX 03-6910-0482
企画・編集協力	遠藤 励起
カバーデザイン	（株）オセロ 大谷 治之
DTP	海谷 千加子
印刷・製本	精文堂印刷株式会社

ISBN978-4-341-08833-0 C0034